XIAO YUAN AN QUAN JIAO YU

校园安全教育

主　审: 张　鑫

主　编: 郭永德

副主编: 徐仰士　张贵文　赵京伟　张鲁宁

参　编: 陆建国　曹卫明　王　蕾　孙　宾

中国劳动社会保障出版社

图书在版编目(CIP)数据

校园安全教育/郭永德主编. -- 北京：中国劳动社会保障出版社，2018
ISBN 978-7-5167-3695-1

Ⅰ.①校…　Ⅱ.①郭…　Ⅲ.①安全教育-职业教育-教材　Ⅳ.①X925

中国版本图书馆 CIP 数据核字(2018)第 219846 号

中国劳动社会保障出版社出版发行

（北京市惠新东街 1 号　邮政编码：100029）

*

北京昌联印刷有限公司印刷装订　　新华书店经销

787 毫米×1092 毫米　16 开本　8 印张　165 千字
2018 年 9 月第 1 版　　2024 年 8 月第 14 次印刷

定价：16.00 元

营销中心电话：400-606-6496
出版社网址：http://www.class.com.cn
http://jg.class.com.cn

前　言

安全，一直以来都是一个不容忽视的问题。在学校，老师反复强调的是安全问题；在家里，父母叮嘱最多的也是安全问题。人的生命只有一次，只有加强自身安全防范意识，才能让生命充满生机与活力。学校安全教育工作的好坏，关系到学生能否安全、健康地成长，关系到每个家庭的切身利益，关系到社会的稳定。构建技工院校安全管理、安全教育立体防范体系，与国家应急与安全管理体系建设有机结合，成为当前技工院校安全工作的当务之急。学生应当掌握安全基本常识，并熟悉危机应对措施。本书注重培养学生的安全意识，使学生理解和掌握相关安全知识，有较强的可读性和实用性。

为防范校园安全事故的发生，保障学生健康、安全、快乐成长，根据《国家中长期教育改革和发展规划纲要（2010—2020 年）》《技工教育“十三五”规划》及人力资源社会保障部有关通知文件精神，由多年在教学管理一线的学校安全工作管理者和老师编写了本书。本书涵盖安全卫生知识、消防安全、交通安全、网络安全、生产与实习实践安全、校园治安安全、自然灾害应对、国家安全，以及安全应急指南等内容，每一章都设置了思考、讨论、实践和延伸阅读等栏目，是对学生进行安全教育、生命教育的实用教材。本书编写目的是帮助学生牢固树立安全意识，掌握安全知识，并通过相关安全防范方法和应对措施的学习，提高学生的自我保护意识，增强其自我保护能力。本书既适合技工院校学生学习阅读，也可供广大学生父母参阅。

本书由张鑫担任主审，并对各章节编写提出了具体建议，由郭永德任主编，徐仰士、张贵文、赵京伟、张鲁宁任副主编，陆建国、王蕾、孙宾、曹卫明分别进行了审读、配图、修改等工作。

本书编委会

2018 年 8 月

目　录

绪　言

生命至上、安全第一。学生安全关系到千万个家庭幸福、学校安宁和社会稳定，要把安全工作作为技工院校管理的头等大事，贯彻落实到学校教育教学的各环节和全过程。

一、校园安全教育概述

安全的含义随着社会的文明进步而不断丰富和发展。“安”为安定平稳之意，“安全”一词在我国古代汉语中，有平安而无危险之意。在现代社会，安全的含义更为丰富，“没有危险”包括没有外在威胁和没有内在隐患两个方面。安全一般是指广义上的安全。广义的安全是预知人类活动的各个领域里潜在的危险，并为消除这些危险所采取的各种方法、手段和行动的总称。中国人历来以居安思危的态度预防危险和消除危险，安全意识融入人们生活的方方面面。校园安全教育就是为了消除和防止对学生有害的一切不安全因素，这些方面直接关系到学生能否安全、健康地成长，关系到千万个家庭的幸福安宁和社会稳定。事实上，重视校园安全已经在全社会形成共识。

有专家指出，通过校园安全教育，提高学生的自我保护能力，80%的意外伤害事故是可以避免的。而导致悲剧发生的一个重要原因，就是欠缺安全防护知识，自我保护能力差。因此，学习安全防护知识，提高自我保护能力，让每一个学生更安全，是学校工作的重要内容。

二、校园安全教育的内容

校园安全教育的直接受益者是学生。对学生来说，接受安全知识教育指导，一方面有助于提高学生的安全意识，使其掌握必要的安全技能，了解相关的法律法规；另一方面也有助于学生在遭遇突发安全事件时能够迅速做出正确的应对，最大限度地降低安全事件对学生造成的伤害。安全教育涉及方方面面，主要包含安全卫生知识、消防安全、交通安全、网络安全、生产与实习实践安全、校园治安安全、自然灾害应对，国家安全，以及安全应急指南等内容。其中，安全卫生知识包括食品安全与预防、传染病预防、心理健康等内容；消防安全包括消防安全基本知识与预防、火灾扑救与逃生等内容；交通安全包括交通安全基本知识与预防、交通事故应急处置等内容；网络安全包括网络安全基本知识与预防、防止网络犯罪等内容；生产与实习实践安全包括安全生产基本知识、教学实习安全与事故预防、社会实践活动安全与事故预防；校园治安安全包括治安安全基本知识、盗窃行为的防范与应对、诈骗行为的防范与应对和其他治安行为的防范与应对等内容；自然灾害应对包括水灾与预防、地震与预防等内容；国家安全包括国家安全基本知识、国家政治安全与维护、国家文化安全与维护、国家生态安全与维护等内容；安全应急指南包括急救常识和安全应急常识。

三、校园安全教育的意义

2017 年 2 月，教育部、公安部联合召开全国学校安全工作电视电话会议，对学校安全工作进行了部署，提出要从溺水、交通安全、欺凌等三个对学生造成伤害的重点领域加强治理，降低安全事故发生。学校安全风险防控机制研究课题组通过研究，总结性提出最易发生的十大学校安全事件类型：意外伤害、学生欺凌、学生间打架三种为红色安全事件；流行性疾病、交通事故和校外人员滋事三种为橙色安全事件；教师打学生、溺水、地震和学生打老师四种为黄色安全事件。这十类安全事件可分为校园内安全事件和校园外安全事件两大类。不论哪类安全事件，一旦发生，不仅学生受到身心伤害，甚至丧失生命，也会给其家庭造成难以承受的巨大伤痛。

学生时代正值人生的春天，学习安全知识如同在生命中播下了平安的种子。校园安全教育对于维护校园公共安全，保证每个学生正常学习生活和健康成长具有重要意义。学生在校学习文化知识的同时，有针对性地学习必要的安全知识和相关法律法规，能够完善在校学生的知识结构，不仅能提高其自我防护能力，增强安全防范意识，使其掌握必备的安全防范技能，减少自身在校期间的安全风险，而且能够使学生从中认识到各种不安全因素的危险性，从而增强安全意识，学会预防危险，学会自护自救方法，进而实现职业生涯中的安全与健康，让自己终身受益。校园安全教育是向全社会普及安全知识的一个重要窗口。每个学生身后都有一个关心、爱护着他（她）的家庭，每个家庭又是构成社会的基本单元，学校的安全教育做好了，就能达到“教育一个学生，带动一个家庭，影响整个社会”的目的，由校园拓展到家庭和全社会，推动全社会安全意识的提高。

今天的学生，是未来社会的栋梁。今天一个受到良好安全教育的学生，明天必定是一个尊重、热爱、保护生命的参与者。为防患于未然，应努力做到以下几点：一是要对自己的人身安全负责。培养珍爱生命的安全意识，维护自己生命安全与身体健康，不让他人因自己的过失而受到伤害，有效规避生命威胁，把安全意识渗透到内心深处。二是要对他人的生命安全负责。不伤害他人，不将他人生命当儿戏。生命的可贵在于每个人只能拥有一次，我们要让安全知识为所有生命护航。三是要懂得如何不被他人伤害。要将安全知识学以致用。学校安全无小事。比如，见到在校园里互相追逐打闹的同学，你可以提醒大家脚步是否可以慢一些？遇到在楼梯上你拥我挤的同学，你可以主动维持秩序；在回家的路上看到无视交通规则的同学，你可以提醒其遵守规则……我们每个人都要把安全时时刻刻牢记心间，认真吸取安全事故的惨痛教训，坚决防范和减少各类安全事故的发生，让家长放心，让老师放心。不要因为一个小小的过错，酿成无法挽回的损失。“珍爱生命，安全第一”是同学们必须要恪守的信念。保证自己和他人的生命安全，是每个人必须要承担起的责任。只有时刻谨记安全意识，警惕安全隐患，防范事故危险，才能平平安安过好每一天。

第一章　安全卫生知识

【内容提要】

本章主要介绍食品安全与预防、传染病预防、心理健康等安全卫生基本知识。

【学习目标】

1. 掌握食品安全基本知识，养成健康饮食习惯，预防食物中毒。
2. 掌握常见传染病基本知识，做好疾病预防。
3. 掌握心理健康基本常识，促进个体身心健康发展。

【关键词】

食品安全　传染病预防　心理健康

伴随着工业化、现代化的发展，各种自然灾害、各种传染性疾病、各类食品安全事件成为我们人类共同面临的挑战。"非典"的流行，三聚氰胺事件的暴发，这些公共卫生安全事件离我们每个人都不远。涉及公共卫生安全的常见问题有食品安全问题、传染病的传播、心理健康问题等。

第一节　食品安全与预防

俗话说："民以食为天，食以安为先。"食品安全问题涉及每个人的身体健康和生命安全。学生是祖国的未来，家庭的希望。作为学生，需要学习掌握必要的食品卫生安全知识。

一、食品安全基本知识

1. 食品安全概述

根据世界卫生组织的定义，食品安全是指"食物中有毒、有害物质对人体健康影响的公共卫生问题"。《中华人民共和国食品安全法》(以下简称《食品安全法》)第一百五十条列明了食品和食品安全的定义：食品，指各种供人食用或者饮用的成品和原料以及按照传统既是食品又是中药材的物品，但是不包括以治疗为目的的物品；食品安全，指食品无毒、无害，符合应当有的营养要求，对人体健康不造成任何急性、亚急性或者慢性危害。

为了保证食品安全，保障公众身体健康和生命安全，《食品安全法》第三十四条明确禁止生产经营下列食品、食品添加剂、食品相关产品：

（1）用非食品原料生产的食品或者添加食品添加剂以外的化学物质和其他可能危害人体健康物质的食品，或者用回收食品作为原料生产的食品；

（2）致病性微生物，农药残留、兽药残留、生物毒素、重金属等污染物质以及其他危害人体健康的物质含量超过食品安全标准限量的食品、食品添加剂、食品相关产品；

（3）用超过保质期的食品原料、食品添加剂生产的食品、食品添加剂；

（4）超范围、超限量使用食品添加剂的食品；

（5）营养成分不符合食品安全标准的专供婴幼儿和其他特定人群的主辅食品；

（6）腐败变质、油脂酸败、霉变生虫、污秽不洁、混有异物、掺假掺杂或者感官性状异常的食品、食品添加剂；

（7）病死、毒死或者死因不明的禽、畜、兽、水产动物肉类及其制品；

（8）未按规定进行检疫或者检疫不合格的肉类，或者未经检验或者检验不合格的肉类制品；

（9）被包装材料、容器、运输工具等污染的食品、食品添加剂；

（10）标注虚假生产日期、保质期或者超过保质期的食品、食品添加剂；

（11）无标签的预包装食品、食品添加剂；

（12）国家为防病等特殊需要明令禁止生产经营的食品；

（13）其他不符合法律、法规或者食品安全标准的食品、食品添加剂、食品相关产品。

2. 食品安全卫生知识

（1）食品安全鉴别。我们可以通过感官对食品安全进行初步的鉴别，同时要注意识别伪劣食品。

1）感官鉴别。食品安全卫生，前提是要做好个人防护，可以凭借自身的感觉器官，即眼、耳、鼻、口（包括舌头）及手，对食品的外观质量进行查验，即通过眼睛看、鼻子嗅、耳朵听、用嘴尝、用手摸等方式，对食品的色、香、味和外观形态进行综合性的鉴别和评价。购买食物时，应注意食品包装有无生产厂家、生产日期，是否过保质期，食品原料、营养成分是否标明，避免购买“三无”产品。打开食品包装，检查食品是否具有它应有的感官性状，避免食用腐败变质、油脂酸败、霉变、生虫、混有异物或者其他感官性状异常的食品。

2）拒绝伪劣食品。识别防范伪劣食品常用的是“七字法”，即“艳、白、反、长、散、低、小”。防“艳”，对颜色过分艳丽的食品要提防加了过多色素；防“白”，凡是食品呈不正常的白色要提防；防“反”，尽量少吃反季节生长的食物；防“长”，尽量少吃保质期过长的食品；防“散”，散就是散装食品，散装食品生产成本低，价格便宜，配方、配料都不规范；防“低”，“低”是指在价格上明显低于一般市场价格的食品；防“小”，要提防小作坊加工的产品。

奶类及其制品是老人、孩子和病人比较理想的食品，鉴别奶及奶制品的卫生质量，可按以下方法进行：①鲜奶鉴别。正常感官性状呈白色或稍带黄色的均匀混悬液体，无凝块、无杂质，有微甜和鲜奶独特的芳香气味。如果发现奶的颜色变灰、变黄或红色，有酸味，出现凝块或沉淀，说明奶已变质，不能饮用。②奶粉鉴别。正常感官性状应为淡黄色、粉状，颗粒较小并均匀一致，无结块和异味。选购奶粉时，应检查包装是否严密，注意保质期，不要贪图便宜购买降价处理的过期奶粉。③酸牛奶鉴别。正常的酸牛奶，其颜色与鲜奶一样，有清香纯正的乳酸气味，无气泡。当酸牛奶的颜色、味道发生改变，有大量乳清析出时，说明酸牛奶已变质，不能食用。

（2）食物安全储存。食物种类繁多，性质各异，适应的环境各不相同。因此，储存食物要熟悉各种食物的特点，采取适当的储存方法。食物储存的温度不当，会导致细菌滋生，容易引发食品安全问题。

常见的食物储存方法有：

1）低温储存法。低温储存法是储存烹饪食物常用的方法，按其温度的不同可分为冷藏法和冷冻法。冷藏的温度是在0℃以上，适合采用冷藏法储存的食物主要有蔬菜、鲜肉、鲜鱼、水果、奶制品，以及熟制品和半成品等食物。冷冻法是将食物在低于0℃的环境中冻结，使食物保存较长的时间不变质，适用于储存动物性食物等。注意，两种以上食物存放在同一个冷冻箱内时，要用无毒害的食品袋密封隔离，以防气味相互污染，同时也可减少食物水分的流失。

2）高温储存法。高温储存法是先将食物用开水煮透或蒸透，取出或仍用原汤泡上，放在凉爽通风的地方不搅动，防止食物重新被污染。此方法适用于保存动物性食物的成品和半成品，以及水发干货类等食物，可使食物在较长的时间内不变质。

3）通风储存法。主要适用于保存粮食、干货食物和需要风干的食物，如米、面、花生、蔬菜等食物，在储存时需要通风，以使霉菌不易生长，保持食物的原有成分，减少霉变。

4）腌、渍、酱、泡储存法。此种方法一般是用盐、糖、醋、酱和五香料，按照一定的比例加入食物内，以抑制微生物的生长，达到长期保存食物的目的。例如，腌菜制品有咸萝卜条、咸豆角、糖醋蒜等；酱菜制品有酱五香大头菜、酱黄瓜、酱八宝菜等；泡菜制品有泡洋白菜、泡辣椒、泡茄子等。这种储存食物的方法简单易行，家喻户晓，在饮食行业中得到广泛应用。

5）真空密封保存法。随着科学技术的不断发展，储存食物的方法也越来越多。真空密封保存方法是使食物在真空的状态下，不与空气中的微生物接触，进行密封保存食物的一种方法，如罐装制品、真空包装制品等，从而延长食物保存时间，提高储存质量，达到保存的目的。此方法适用于多种食物的保存。

总之，食品作为人类生存的物质基础，吃得安全、食得放心是最基本的要求和健康的保证。饮食是我们每天的必修课，只有掌握一定的食品安全卫生知识，才能确保身体健康和生命安全。

二、食品卫生安全与预防

1. 健康的饮食习惯

培养健康的饮食习惯是确保身体健康和快乐生活的前提。因此，了解有关健康饮食的常识是十分必要的。

（1）树立饮食卫生安全意识。牢牢把住“病从口入”这一关，做好食品卫生检查。饮用学校供应的开水。一些饮料含有防腐剂、色素等，经常饮用不利于身体健康。更不要贪图方便随意喝生水，以预防肠道传染病的发生。不到校园周边无证摊贩处购买盒饭或食物，不贪图便宜吃身边的垃圾食品，以减少食物中毒的隐患。注意个人卫生，饭前便后洗手，自己的餐具洗净消毒，不用不洁容器盛装食品，以预防肠道寄生虫病的传播。少吃油炸、烟熏、烧烤类食品，这类食品如制作不当会产生有毒物质。

（2）膳食结构合理。合理的膳食一般以一日三餐为好，时下流行的“早上吃好，中午吃饱，晚餐吃少”的说法是有一定道理的。各种食品都有不同的营养成分，在正常情况下，一日三餐做到饭菜不单调、吃饭不偏食，才能为人体提供足够的营养素。

（3）拒绝暴饮暴食。明代敖英《东谷赘言》中说：“多食之人有五患：一者大便数，二者小便数，三者扰睡眠，四者体重不修养，五者多患食不消化。”现代医学认为，暴饮暴食会增加胃的负担，引起消化液供不应求，从而造成消化不良，甚至造成急性胃炎。同时，暴饮暴食造成血液集中于肠胃，心脑部位相对缺血，会产生疲劳不适感。吃饭应定时定量，吃八成饱为宜，不边走边吃。

（4）注意运动前后的饮食卫生。一般来说，运动后休息 20～30 分钟后再吃东西是比较合乎卫生要求的，否则会引起消化不良，长此以往易患慢性肠胃病。若饭后立即进行剧烈运动，对肠胃的影响更大。而饭后大量吃冷食，会强烈刺激胃肠道、心脏，使之发生突发性的痉挛现象，导致各种酶促化学反应失调，肠胃功能紊乱，引起腹泻、腹痛等肠胃病症发生。

2. 常见食物中毒与预防

食物中毒是指吃了不洁或有毒食物而导致的疾病。通常在吃了有问题的食物后 1～72 小时发病，病情严重者可以致命。食物中毒一般分为细菌性食物中毒、真菌性食物中毒、化学性食物中毒、有毒动植物中毒四类。其主要特点是：中毒者在相近的时间内食用过某种共同的中毒食品，没有食用者不中毒；停止食用中毒食品后，发病很快停止；潜伏期短，发病急剧，病程也比较短；所有中毒者的临床表现基本相似；一般没有人与人之间的直接传染。

（1）细菌性食物中毒。细菌性食物中毒是指进食含有细菌或细菌毒素的食物而引起的食物中毒。在各类食物中毒中，细菌性食物中毒最多见。肉类、蛋类、奶类、水产品、海产品、家庭自制的发酵食物等均可引起细菌性食物中毒。多发生在气候炎热的季节，发病率较高，应防范此类中毒对身体造成的伤害。

1）避免污染。即避免熟食品受到各种致病菌的污染。如避免生食品与熟食品接触、接触直接入口食品应消毒手部、避免昆虫和鼠类等动物接触食品。

2）控制温度。即控制适当的温度以保证杀灭食品中的微生物或防止微生物的生长繁殖。例如，加热食品应使中心温度达到70℃以上；储存熟食品，要及时热藏，使食品温度保持在60℃以上，或者及时冷藏，把温度控制在10℃以下，冷藏时间不得超过24小时，在确认没有变质的情况下，必须经高温彻底加热后，方可食用。

3）控制时间。即尽量缩短食品存放时间，不给微生物生长繁殖的机会。如熟食品应尽快吃掉，食品原料应尽快使用完，隔夜食品、动物性食品等必须充分加热方可食用。

4）清洗和消毒。这是防止食品污染的主要措施。对接触食品的所有物品应清洗干净；凡是接触直接入口食品的物品，还应在清洗的基础上进行消毒；一些生吃的蔬菜水果也应进行清洗消毒。

（2）真菌性食物中毒。真菌性食物中毒主要是由于真菌毒素污染了食物（大多数真菌毒素不容易被烹煮的高温所破坏）而引起，其中毒潜伏期短，常引起胃肠症状，如恶心、呕吐、腹胀、腹痛、腹泻，而后出现体内各器官系统（肝、肾、神经、血液）的损害。玉米、花生、大米、小麦等粮食易被真菌毒素污染。

预防真菌性食物中毒应注意：保存粮食及其制品时，应注意环境湿度和温度，保持干燥，低温储存，以达到防止真菌生长的目的；对于已经发生变质的食品，不应再食用，并应与其他食品隔离；发酵食品，如酱豆腐、臭豆腐、酱油、啤酒、面包等应妥善保存，以免食物被有毒真菌污染。

（3）化学性食物中毒。化学性食物中毒是指误食有毒化学物质，如农药、亚硝酸盐等，或食入被其污染的食物而引起的中毒，发病率和病死率均比较高。其中，亚硝酸盐中毒的原因有：一是误将亚硝酸盐当作食盐食用；二是食用含亚硝酸盐过量的肉制品；三是食用储存过久、腐烂或煮熟后放置过久及刚腌渍不久的蔬菜。中毒表现为口唇、舌尖、指尖青紫等缺氧症状，重者眼结膜、面部及全身皮肤青紫，伴随有头晕、头痛、无力、心率快等症状。

预防化学性食物中毒应注意以下几点：不随便使用来源不明的食品或容器；不食用存放过久或变质的蔬菜，吃剩的熟菜不要在高温下存放过久；蔬菜加工前要用清水反复冲洗，温水效果更好；水果宜洗净后削皮食用。

（4）有毒动植物中毒。有毒动植物中毒是指误食有毒动植物或摄入因加工、烹调方法不当未除去有毒成分的动植物食物引起的中毒。学校常见的集体中毒有四季豆中毒、生豆浆中毒、马铃薯中毒等。

1）四季豆中毒。四季豆中毒的原因主要是烹饪时未完全熟透，未煮熟的四季豆中含有皂素，皂素对消化道黏膜有强烈的刺激性。另外，未煮熟的四季豆可能含有凝聚素，具有凝血作用。一般在进食未熟透的四季豆后1~5小时出现症状，主要症状有恶心、呕吐、胸闷、心慌、出冷汗、手脚发冷、四肢麻木等。一般病程短，恢复快，愈后良好。

预防措施：加工四季豆宜炖食，不宜水焯后做凉菜；在烹饪四季豆时一定保证其煮熟、炒透方可食用。

2）生豆浆中毒。生豆浆加热不彻底，有害成分没有被破坏，饮用后会造成中毒。一般进食后0.5~1小时出现症状，主要有恶心、呕吐、腹痛、腹胀和腹泻等。生豆浆中毒一般无须治疗，很快可以自愈。

预防措施：将生豆浆彻底煮开后饮用。煮豆浆时，在豆浆刚出现泡沫时，并没有煮开，应继续加热至泡沫消失。待豆浆沸腾后，再继续加热几分钟。

3）马铃薯中毒。马铃薯发芽或部分变绿时含有龙葵碱，食后容易发生中毒，尤其是春末夏初季节多发。一般在进食后10分钟至数小时出现症状：先有咽喉抓痒感及灼烧感，上腹部灼烧感或疼痛，其后出现胃肠炎症状，剧烈呕吐、腹泻，甚至出现头晕、头痛、轻度意识障碍、呼吸困难，重者可因心脏衰竭、呼吸中枢麻痹死亡。

预防措施：马铃薯应低温储藏，避免阳光照射，或用沙土埋起来，防止生芽；不吃生芽过多、黑绿色皮的马铃薯；加工发芽马铃薯应彻底挖去芽、芽眼及芽周部分，这种马铃薯不易炒吃，应煮、炖、红烧吃。烹调时加醋，可加速破坏龙葵碱。

预防食物中毒

储存方法很简单，冷冻保鲜分两边，
严把餐具清洗关，避免食物受污染，
食物加热要彻底，谨慎进食身体健，
煎炸熏腌细挑选，油品鉴别需防范，
食材污染不要用，生熟分开好习惯，
烹饪食物间隔长，警惕细菌防隐患，
不洁饮水难健康，常喝开水美容颜，
食品添加种类多，小心错放增风险，
食物变质易致病，若要无恙防在先，
食品中毒莫慌张，及时就医保平安。

3. 食物中毒处置方法

一旦发生食物中毒，学生应立即停止可疑食物的食用，最好马上到医院就诊，不要自行乱服药，同时在第一时间向班主任或校医报告，报告内容有：发生中毒的班级、时间、中毒人数，中毒者主要症状表现，可能引起中毒的食物，中毒发展的趋势及已采取的措施等。严重者拨打120，在120没来之前可采取自救。

方法一：催吐

如果食物吃下去的时间在1~2小时，可采取催吐的方法，取食盐20 g，加开水200 mL，冷却后一次喝下；如不吐，可多喝几次，以促进呕吐。亦可用鲜生姜 100 g，捣碎取汁用 200 mL 温水冲服。如果吃下去的是变质的荤食品，则可服用十滴水来促进呕吐，也可用筷子、手指等刺激咽喉，引发呕吐。

方法二：导泻

如果吃下食物的时间超过两小时，且精神尚好，则可服用泻药，促使中毒食物尽快排出体外。

方法三：解毒

如果是吃了变质的鱼、虾、蟹等引起的食物中毒，可取食醋 100 mL，加水 200 mL，稀释后一次服下。若是误食了变质的饮料或防腐剂，最好的急救方法是用鲜牛奶或其他含蛋白质的饮料灌服。

由于确定中毒物质对治疗来说至关重要，中毒者吃剩的食物不要急于倒掉，保留造成食物中毒或可能导致食物中毒的食品及其原料，食品用工具、容器、餐具等不要急于冲洗，病人的排泄物（呕吐物、大便）要保留，以便排查确定食物中毒的类型，及时采取措施，组织抢救，调查分析中毒原因。

第二节　传染病预防

随着生活水平的不断提高，人们对疾病的预防控制也越来越重视。生活中疾病无处不在，每个人都有可能会生病，也有可能被某些疾病传染。疾病不仅会给人们的身体造成伤害，严重的还会对生命构成威胁。预防是远离疾病侵害的最好手段，进行传染病基本知识与预防指导，预防控制传染病的传播与流行，消除传染病的传播媒介，是一项涉及安全与健康的十分重要的基础性工作。

一、传染病基本知识

讲究卫生、减少疾病是一个老生常谈的话题。一般来讲，疾病可分为传染性疾病和非传染性疾病。下面介绍传染性疾病的相关知识。

1. 传染病的概念

所谓传染病，是由各种病原体引起的能在人与人、动物与动物或人与动物之间相互传播的一类疾病。传染病的特点包括：有病原体、有传染性、有流行性等病学特征和有感染后免疫。通常这类疾病可以通过空气、水源、食物、接触和垂直等方式传播（母婴传播），对人群造成危害。

2. 传染病的分类

《中华人民共和国传染病防治法》（以下简称《传染病防治法》）第三条将传染病分为甲类、乙类和丙类。

甲类传染病是指：鼠疫、霍乱。

乙类传染病是指：传染性非典型肺炎、艾滋病、病毒性肝炎、脊髓灰质炎、人感染高致病性禽流感、麻疹、流行性出血热、狂犬病、流行性乙型脑炎、登革热、炭疽、细菌性和阿米巴痢疾、肺结核、伤寒和副伤寒、流行性脑脊髓膜炎、百日咳、白喉、新生儿破伤风、猩红热、布鲁氏菌病、淋病、梅毒、钩端螺旋体病、血吸虫病、疟疾。

丙类传染病是指：流行性感冒、流行性腮腺炎、风疹、急性出血性结膜炎、麻风病、流行性和地方性斑疹伤寒、黑热病、包虫病、丝虫病，除霍乱、细菌性和阿米巴性痢疾、伤寒和副伤寒以外的感染性腹泻病。

3. 传染病的防控

传染病流行的三个基本条件是传染源、传播途径和易感者。

（1）传染源。当病原体进入机体后，在体内繁殖，被感染的人和动物叫作传染源。传染源有三类：病人、病原携带者和动物传染源。

（2）传播途径。病原体由传染源传播给他人所经过的路线叫作传播途径。传播途径包括飞沫传播、空气传播、水传播、饮食传播、虫媒传播、血和血制品传播等。

（3）易感者。指对某种传染病缺乏免疫力而容易感染的人。

由于传染源是病原体生存繁殖的客体，它能向外界环境排出病原体，而病原体必须通过一定的传播途径才能进入人体，只有易感染的机体才能发病。这三个条件，在传染病发生的过程中缺一不可。因此，要预防控制传染病的发生，就必须控制传染源，切断传播途径和保护易感人群。

第一，控制传染源。传染源报告制度是早期发现传染病的重要措施。传染源包括病人、病原携带者。传染源的早发现、早报告、早隔离、早治疗是防止传播流行的重要措施。

第二，切断传播途径。消毒是切断传播途径的重要措施，包括消灭污染环境的病原体和消灭传播媒介（杀虫措施），如除四害（老鼠、臭虫、苍蝇、蚊子）。

第三，保护易感人群。有针对性地注射疫苗，提高人群免疫力，包括主动或被动特异性免疫力。

二、常见传染病与预防

1. 流行性感冒与预防

（1）流行性感冒。流行性感冒是流感病毒引起的急性呼吸道感染。它是人类至今尚不能有效控制的世界性传染病，也是我国重点防治的传染病之一。一般秋冬季节为高发期。由于它主要通过空气中的飞沫、人与人之间的接触或与被污染物品的接触传播，因而传染性极强，传播速度快，病毒的变化也非常快，容易发生大面积流行，其典型的临床症状是：急起高热、全身疼痛、显著乏力和轻度呼吸道症状，一旦流感病毒入侵器官，可引发严重的并发症，如肺炎、支气管炎、充血性心力衰竭、肠胃炎等。

（2）流行性感冒的预防。由于流行性感冒是病毒性传染病，没有特效的治疗手段，因此预防措施非常重要。主要预防措施有：

1）保持良好的个人及环境卫生习惯，保持学习、生活场所的清洁卫生，不要随意堆放垃圾，每天开窗通风数次（冬天要避免穿堂风），保持室内空气新鲜。

2）饭前便后以及外出归来一定要使用肥皂或洗手液洗手，不用污浊的毛巾擦手。打喷嚏或咳嗽时应用手帕或纸巾掩住口鼻，用过的卫生纸不要随地乱扔，避免飞沫污染他人。个人卫生用品切勿混用，勤换、勤洗、勤晒衣服和被褥，注意气候变化，随时增减衣服。流感患者在家或外出时佩戴口罩，以免传染他人。

3）生活有规律，保持充分的睡眠，对提高自身的抵抗力相当重要。合理膳食，多喝水，多吃蔬菜水果，增加机体免疫能力。加强体育锻炼，每天保证有一小时的户外活动时间，增强体质。

4）切莫讳疾忌医。由于此类传染病初期多有类似普通感冒症状，易被忽视，因此，身体有不适应及时就医，特别是有发热症状，应尽早明确诊断，及时进行治疗。确有传染病的情况，切莫讳疾忌医，应立刻采取隔离措施，以免范围扩大。

5）流感疫苗接种是世界公认的预防流感的有效方法。实践证明，免疫预防是减少流感危害的一种重要措施和手段，对高危人群、易感人群接种流感疫苗是预防流感的有效方法。

2. 病毒性肝炎与预防

（1）病毒性肝炎。病毒性肝炎是由多种肝炎病毒引起的常见传染病，具有传染性强，传播途径复杂，流行面广泛，发病率较高等特点，肝炎病毒通常分为甲、乙、丙、丁、戊型，通常以疲乏、食欲减退、肝肿大、肝功能异常为主要表现，部分出现黄疸。

（2）病毒性肝炎的预防。甲型、戊型肝炎是由摄取甲型、戊型肝炎病毒污染食物而感染，其流行率很大程度取决于该地的环境卫生状况，传播程度与生活经济条件和居民卫生知识水平等密切相关。乙型肝炎病毒主要通过血液传播，主要传播方式是母婴垂直传播和医源性感染。

3. 艾滋病与预防

（1）艾滋病。艾滋病是当前对人类生命健康安全危害最大的疾病之一，它是由感染艾滋病病毒（HIV）引起。艾滋病病毒是能攻击人体免疫系统的病毒，人体感染艾滋病病毒后逐渐丧失免疫功能，导致人体易于感染各种疾病。世界卫生组织于 1988 年 1 月将每年的 12 月 1 日定为世界艾滋病日，号召世界各国和国际组织在这一天举办相关活动，宣传和普及预防艾滋病的知识。艾滋病已被我国列入乙类传染病，并被列为国境卫生监测传染病之一。

艾滋病的传播主要有三种途径，主要是通过性接触传播和血液传播。

1）性接触传播。包括同性及异性之间的性接触。

2）血液传播。包括输入污染了艾滋病病毒的血液或血液制品。

3）母婴传播。也称围产期传播，即感染了艾滋病病毒的母亲在产前、分娩过程中及产后不久通过胎盘，或分娩时通过产道，也可通过哺乳将艾滋病病毒传染给胎儿或婴儿。

（2）艾滋病的预防。因目前尚无预防艾滋病的有效疫苗，因此，最重要的是采取预防措施。

1）预防艾滋病的性传播。普及艾滋病防治知识，了解艾滋病的病因、传播途径、临床表现等，洁身自爱，性行为时正确使用安全套。

2）预防艾滋病的血液传播。不擅自输血和使用血液制品。拒绝毒品，不与他人共用注射器。

3）预防艾滋病的母婴传播。艾滋病病毒可在怀孕、分娩或者孩子出生后的母乳喂养过程中传播。感染艾滋病病毒的妇女在怀孕后通过药物干预，婴儿出生后采取人工喂养，可降低母婴传播的概率。

4. 狂犬病与预防

（1）狂犬病。狂犬病是由狂犬病病毒感染引起的一种动物源性传染病，临床大多表现为特异性恐风、恐水、咽肌痉挛、进行性瘫痪等。近年来，狂犬病报告死亡数一直位居我国法定报告传染病前列，给人民群众生命健康带来严重威胁。狂犬病易感动物主要包括犬科、猫科及翼手目动物。在全球范围内，99% 的人类狂犬病是由犬引起，特别是亚洲、非洲等狂犬病流行区，犬是引起人类狂犬病的最主要原因。

（2）狂犬病的预防。根据我国《传染病防治法》，狂犬病为乙类法定报告传染病。

1）暴露前预防。①基础免疫。所有持续、频繁暴露于狂犬病病毒危险环境下的个体均推荐进行暴露前预防性狂犬病疫苗接种，如接触狂犬病病毒的实验室工作人员、可能涉及狂犬病病人管理的医护人员、狂犬病病人的密切接触者、兽医、动物驯养师，以及经常接触动物的农学院学生等。此外，建议到高危地区旅游的游客、居住在狂犬病流行地区的儿童或到狂犬病高发地区旅游的儿童进行暴露前免疫。免疫程序：第 0 天、第 7 天和第 21 天（或第 28 天）分别接种 1 剂，共接种 3 剂疫苗。②加强免疫。如出于暴露前预防的目的，则已接受全程基础免疫者无须定期进行加强免疫。定期加强免疫仅推荐用于因职业原因存在持续、频繁或较高的狂犬病病毒暴露风险者（如接触狂犬病病毒的实验室工作人员和兽医）。③使用禁忌。对于暴露前预防，对疫苗中任何成分曾有严重过敏史者应视为接种同种疫苗的禁忌证。妊娠，患急性发热性疾病、急性疾病，慢性疾病的活动期，使用类固醇和免疫抑制剂者可酌情推迟暴露前免疫。

2）暴露后预防。狂犬病暴露是指被狂犬、疑似狂犬或者不能确定是否患有狂犬病的宿主动物咬伤、抓伤、舔舐黏膜或者破损皮肤处，或者开放性伤口、黏膜直接接触可能含有狂犬病病毒的唾液或者组织。按照暴露性质和严重程度将狂犬病暴露分为三级。

Ⅰ级暴露，符合以下情况之一者：① 接触或喂养动物；② 完好的皮肤被舔；③ 完好的皮肤接触狂犬病动物或人狂犬病病例的分泌物或排泄物。

Ⅱ级暴露，符合以下情况之一者：①裸露的皮肤被轻咬；②无出血的轻微抓伤或擦伤。

Ⅲ级暴露，符合以下情况之一者：①单处或多处贯穿皮肤的咬伤或抓伤（“贯穿”表示至少已伤及真皮层和血管，临床表现为肉眼可见出血或皮下组织）；②破损皮肤被舔舐（应注意皮肤皲裂、抓挠等各种原因导致的微小皮肤破损）；③黏膜被动物唾液污染（如被舔舐）；④暴露于蝙蝠（当人与蝙蝠之间发生接触时应考虑进行暴露后预防，除非暴露者排除咬伤、抓伤或黏膜的暴露）。

3）暴露后处置。暴露后预防处置的内容包括：尽早进行伤口局部处理；尽早进行狂犬病疫苗接种；需要时，尽早使用狂犬病被动免疫制剂（狂犬病人免疫球蛋白、抗狂犬病血清）。暴露后处置有两个主要目标，一是预防狂犬病的发生，二是预防伤口发生继发细菌感染，促进伤口愈合和功能恢复。对于Ⅱ级和Ⅲ级暴露，彻底的伤口处理是非常重要的。伤口处理包括对伤口内部进行彻底的冲洗、消毒以及后续的外科处置，这对于预防狂犬病发生，避免继发细菌感染具有重要意义。①伤口冲洗。用肥皂水（或其他弱碱性清洗剂）和一定压力的流动清水交替清洗咬伤和抓伤的每处伤口至少 15 分钟。如条件允许，建议使用狂犬病专业清洗设备和专用清洗剂对伤口内部进行冲洗。最后用生理盐水冲洗伤口，以避免肥皂液或其他清洗剂残留。②消毒处理。彻底冲洗后用稀碘伏、苯扎氯铵或其他具有病毒灭活效力的皮肤黏膜消毒剂消毒涂擦或消毒伤口内部。③外科处置。在伤口清洗、消毒，并根据需要使用狂犬病被动免疫制剂至少两小时后，根据情况进行后续外科处置。外科处置要考虑致伤动物种类、部位、伤口类型、伤者基础健康状况等诸多因素。

三、突发传染病事件报告

当发现法定传染病人及疑似病人时，应立即向当地疾控中心报告，并同时向主管行政部门报告，可先用电话报告。发现甲类传染病人及疑似病人应于 2 小时内报告，发现乙类传染病人及疑似病人应于 6 小时内报告，发现丙类传染病人及疑似病人应于 24 小时内报告。

学校若发生突发散发传染病病例，报告顺序是：散发病例由班主任和校医务室通知其到医院就医，确诊是传染病→隔离治疗→进行环境消毒→保护周围易感人群→加强晨检、午检→密切关注疫情发展动态→无新发病例且隔离期满→愈后持医院证明返校→如有新病例及时隔离→消毒，同时应向疾控中心报告。

传染病流行事件报告内容主要包括传染病开始流行的时间、地点、感染人数、主要症状、卫生医疗机构的初步诊断等。

第三节　心理健康

一、心理健康基本知识

我国著名的心理学家潘菽教授曾指出："我们因注重身体的健康，故研究生理卫生；我们若要使得心理得到健全的发展，则必须注重心理卫生。"心理卫生是达到心理健康的手段。不少人提及讲卫生就很自然想到注意公共卫生，讲究个人卫生，增加身体营养，不吃腐败变质的食物等，这些无疑都是重要的，但这样做只能预防显微镜下看到的微生物对人体的侵袭，只能达到身体无恙。在生活中，难免还会遭遇种种矛盾与挫折，人的心理状况、心理过程和个性心理活动等因此会产生波动及影响，这种波动和影响也同样危害人的健康。世界卫生组织把健康定义为："不但没有身体的缺陷与疾病，还要有完整的生理、心理状态和社会适应能力。"这种健康才算是真正意义上的健康。

1. 健康心理的标准

由于人们的心理健康水平通常是动态变化的，因此，健康心理的标准具有相对性。健康心理的标准一般包括：

（1）认知能力发展正常。认知能力是一个人认识、评价事物的能力，包括求知欲、探索精神和能动性、生活学习工作的适应能力。

（2）情绪正常、健康。能适度地表达与控制情绪，积极情绪多于消极情绪，自身经常保持一种乐观积极向上的状态。

（3）有良好的自我意识及健全的个性。

（4）人际交往正常，人际关系和谐。

（5）心理与行为的协调一致。

2. 影响心理健康的因素

人的心理健康是一个相对独立、极为复杂和动态的过程，因此，影响心理健康，导致心理偏差、心理障碍或心理疾病的因素也是复杂多样的。

（1）生理因素。影响心理健康的生理因素主要包括遗传、化学中毒与病毒感染等。

1）遗传因素。人的心理主要是在后天环境影响下形成和发展起来，然而，根据统计调查及临床研究发现，许多精神疾病的发病原因与遗传因素有着密切的关系。

2）化学中毒与病毒感染。有害化学物质侵入人体，毒害中枢神经系统，如食物中毒、煤气中毒、酒精中毒、药物中毒等，可能导致心理障碍或精神失常；由病菌、病毒等引起的中枢神经系统传染病（如流行性脑炎）会损害人的神经组织结构，导致器质性心理障碍或精神失常。

（2）心理因素。影响心理健康的心理因素主要包括认知因素和情绪因素等。

1）认知因素。认知因素之间是相互影响的。倘若某一认知因素发展不正常或某几种认知因素之间的关系失调，就会产生认知的矛盾和冲突，从而使人感到紧张、烦躁和焦虑。认知因素之间的失调程度越严重，则人们减轻或消除失调、维持平衡的需要和期望就越强烈。如果这种需要和期望长时间得不到满足，就可能使人产生心理偏差或心理障碍。

2）情绪因素。人的情绪体验是维持身心健康的重要因素。经常波动而消极的情绪状态往往使人心境压抑，精力涣散，身体衰弱；稳定而积极的良好情绪状态则往往使人心境愉快，精力充沛，身体健康。所以，培养良好情绪，排除不良情绪，对人的身心健康是十分重要的。

（3）家庭因素。人的心理健康状况受家庭因素的影响很大。大量研究表明，不良的家庭环境因素容易造成家庭成员的心理异常。家庭因素主要包括：家庭关系不良，如父母关系、婆媳关系、兄弟姐妹关系不和谐，家庭情感冷淡，矛盾冲突迭起等；家庭成员残缺，如父母死亡、父母离异或分居、父母再婚等；家庭教育存在误区，如专制粗暴或溺爱娇惯等；家庭出现意外事件等。在众多家庭因素中，父母间的不良关系对个体的心理健康会产生极大的不利影响。研究发现，家庭中父母冲突、关系不和，会使家庭中缺少宁静、平和、幸福、安定的氛围，缺少孩子心理健康发展所必须的条件，发生心理病态的风险会急剧增长。家庭成员的言行举止和不良思想道德素质对个体的心理健康具有严重危害，容易产生沮丧、怨恨、烦恼和自卑等消极个性，造成厌恶集体、厌恶家庭，一旦接触了坏朋友或不良思想，特别容易走上歧途。

（4）社会因素。影响心理健康的社会因素主要包括生活环境因素、重大生活事件与突变因素、文化教育因素等。

1）生活环境因素。不良生活方式和生活习惯对心理健康会产生不良影响；不良的工作环境、工作不能胜任、工作单调，以及居住条件、经济收入低等，都会使人产生焦虑、烦躁、愤怒、失望等心理状态，从而影响人的心理健康；生活环境的巨大变化也会使个体产生心理应激，由此带来心理的不适。

2）重大生活事件与突变因素。生活中遇到的各种各样的突发事件，如家人突然死亡、失恋、自然灾害、疾病等，常常是导致心理失常或精神疾病的原因。

3）文化教育因素。文化教育因素包含家庭教育和学校教育。对个人心理发展而言，早期教育和家庭环境是影响心理健康的重要因素之一。早期与父母建立和保持良好关系，得到充分父母关爱，受到支持、鼓励的人，容易获得安全感和信任感，并对成年后的人格良好发展、人际交往、社会适应等方面有着积极的促进作用。通过大量的临床观察发现，成年期的抑郁与青春期关爱的持续缺乏和丧失有着密切联系。学校因素主要是针对学生来说的，学生的大部分时间是在学校中度过的，学校是学生学习、生活的主要场所，学校生活对学生的心理健康影响极大。教师的教育方法不当、师生情感对立、同学关系不和等，都会使学生产生心理抑郁或精神焦虑，若自我调适不及时，就会造成心理失调，甚至导致心理障碍。

二、常见心理问题

有心理学家预言：21 世纪，心理疾患将成为人类一大祸害。当今青少年都有比较鲜明的个性，但面对激烈的社会竞争，面对学习、生活、人际交往的诸多不如意，有的人心情郁闷、心理压抑；有的人总是以自我为中心，不懂得换位思考，无法与人和谐相处；有的人缺乏远大理想和吃苦耐劳精神，且心理脆弱。凡此种种，容易导致青少年心理失衡，产生心理问题，严重者很有可能引发伤人虐己事件。因此，只有关注自身心理健康，遇到心理问题积极进行心理咨询或辅导，有针对性地学习掌握相关心理知识，才能帮助自己缓解各种压力，正确面对挫折，保持良好心态，健康快乐生活。

1. 一般心理问题

按照美国心理学家爱利克·埃里克森（Erik H. Erikson）人格发展理论，12~18 岁这一年龄阶段，是青春期身体和心理发育最为剧烈的时期，也是对人生、社会和未来充满幻想与好奇的“多梦季节”，在从幼稚走向成熟、从依赖走向独立的过渡中，始终面临着自我同一性和角色混乱的冲突，呈现出心理功能受阻的易发性和多发性，容易产生一系列的心理问题。常见的一般心理问题有以下几种：

（1）自卑心理。自卑心理是指对自己的品质和能力做出过低的评价，产生己不如人的心理感受。无论在家庭还是在学校，如果受到的批评多于表扬、指责多于鼓励、惩戒多于引导，往往会感觉低人一等，总觉得自己再努力也改变不了目前现状，容易心灰意冷、萎靡不振、自暴自弃，产生一种“我不如人”的自卑心理。当然，看到差距可以激发自己去弥补自己的不足，超越自己；但过度自卑容易导致抑郁，会严重影响身心健康。

（2）逆反心理。所谓逆反心理就是指个体为了维护自尊而对对方的要求采取相反的态度和言行的一种心理状态。逆反心理常常表现为不受教、不听话、对着干。由于这种心理与常理背道而驰，往往不能正确对待家长的一片苦心和老师的批评教育，对正面宣传做反面思考，对榜样及先进人物无端否定，而对不良倾向产生情感认同，对思想教育、遵章守纪要求消极抵抗，因而常常会出现听不进忠告，不接受劝阻，凡事都横加抵制和反对的“顶牛”，具有盲目性、抵触性、放纵性和极端性，轻者对学习、生活等构成消极影响，重者则导致过激行为，极易发生触犯法律的行为，甚至危害家庭、学校及社会，导致不良的结局。逆反心理作为一种反常心理，其后果是严重的，它会导致对人对事多疑、偏执、冷漠、不合群的病态性格，使人信念动摇、理想泯灭、意志衰退、学习消极、生活萎靡等，进一步发展还可能向犯罪心理或病态心理转化，容易走向极端。

（3）孤独心理。人是社会性的动物，所以人离不开群体，同样也离不开人与人之间的交往。孤独是缺乏与人交往的结果，又是难以与人良好交往的心理问题。孤独心理正是个人在群体中所产生的一种孤单、寂寞、无助等不愉快感受的心理状态。常常表现为寡言少语，缺乏交际技巧而不愿、害怕与人交往，却又抱怨别人不了解自己，经常独处一隅，沉思默想，最后发展为远离群体，逃避群体活动，长期下去势必影响未来工作、学习和生活。

（4）极端自我心理。这种心理常常是言行举止以“自我”为根本出发点，总是喜欢以自我的意愿要求评价周围的一切，希望别人都服从自己的主观意愿，个性表现为主观自私、难以合作，别人丝毫不能冒犯，只有别人关心自己，自己却从不去关心别人，遇到稍不顺心的事就怨天尤人或触犯到个人一点点利益就斤斤计较，对集体麻木不仁，对社会漠不关心，为了自己的利益去损害别人和社会的利益，甚至走上犯罪的道路。

（5）厌学心理。厌学是指学生在主观上对学校学习失去兴趣，产生厌倦情绪和冷漠态度，并在客观上明显表现出来的行为。具体表现为学习动力不足，学习欲望低下。轻者，对上学不感兴趣，学习状态消极，学习效率低下，但迫于家庭或外界压力又不得不走进学校，但心理上会变得烦躁不安，容易发怒，甚至看什么都不顺眼，看到课本就头痛，坐进教室就犯愁；严重者，当觉得自己无论如何再也学不进去的时候，学习简直就是对自己的一种折磨，可能会从心底产生对学习的厌恶情绪，丧失学习的兴趣和上进的信心，最终可能会做出退学、离家出走等极端行为。

2. 神经症

神经症也叫神经官能症，是比较常见的心理障碍。神经症不是神经病，更不是精神病，它是一组“心因性精神障碍症候群”，人格因素和社会因素是致病因素，通常无器质性病变，所有的表现形式均为情绪障碍，主要有神经衰弱、恐惧症、焦虑症、疑病症、抑郁症等。

（1）神经衰弱。神经衰弱是由失眠导致的一种综合性症状，主要表现是精神疲乏、注意力不集中、工作学习效率低下，容易烦恼、发怒，对声、光、噪声异常敏感，难以入睡、多梦易醒等。神经衰弱的发生与各种社会心理因素有关，与个人的心理素质以及性格特点也有很大关系。一般性格多愁善感、容易焦虑不安的人易患神经衰弱。不良情绪是导致神经衰弱发生和影响神经衰弱患者康复的重要因素。要想预防神经衰弱，必须摆正自己的心态，调节自己的不良情绪，不断完善自己的个性，每天有规律的作息生活，理性面对现实生活中的挫折和失败。体育锻炼也是治疗和预防神经衰弱的有效方法。可根据自身的情况，选择适合自己的体育锻炼方法，如跑步、健身操、游泳、太极拳、乒乓球、羽毛球等。

（2）恐惧症。恐惧症是一种以过分和不合理地惧怕外界客体或处境为主的神经症。恐惧症的常见类型有高空恐惧症、社交恐惧症、广场综合征、蜘蛛恐惧症等。

恐惧症的最大特征是明知没有必要，但仍不能防止恐惧发作，恐惧发作时往往伴有显著的焦虑和自主神经症状。

预防和缓解恐惧症必须要有一个正确评价自我的标准，发掘自身的优势，树立自信，正确认识自己的优缺点，学会扬长避短，不要太在意别人对自己的看法，不要太在意自己身体的反应，勇敢地面对自己恐惧的事物，勇敢地尝试各种改善的方法。

（3）焦虑症。焦虑是一种不愉快的、痛苦的情绪状态，同时伴有躯体方面的不舒服体验。焦虑症，全称焦虑性神经症，是反复并持续的伴有焦虑、恐惧、担忧、不安等症状和植物神经紊乱的一种精神性障碍。焦虑是人类普遍的一种情绪，但当这种不良情绪持久发展、迁延并引发其他不良症状时，就会危害到人们的身心健康。

焦虑症主要症状表现为：在身体上，心慌、胸闷、气短、心前区不适或疼痛，心跳加快，全身疲乏，生活和工作能力下降，简单的日常家务工作变得困难不堪、无法胜任等；在行为上，表现为表情紧张、双眉紧锁、姿势僵硬不自然、心神不定、坐卧不安、来回走动、注意力无法集中、惊慌失措等。

缓解焦虑的办法，可以在心理医生的指导下进行调节，主动配合心理医生，耐心倾听医生对疾病性质的解释，有助于减轻心理负担。还可以尝试把注意力转移到自己身体的另一部位，或把自己的注意力转移到自己喜欢的情景中去。

（4）疑病症。疑病症又称疑病性神经症。疑病症，顾名思义就是怀疑自己有病，是指因为心理冲突或心理障碍以身体的症状表现出来，或者表现为突然丧失某些生理机能，而这些身体症状表现找不到任何器质性的病变。即使医生采用高科技检查，仍然觉得自己有病。疑病症属于躯体形式障碍中的一种，其核心表现是恐惧和焦虑，所以，针对疑病症要消除疑虑，减轻恐惧和焦虑，应尽量要做到：①不自我对症。随着通过互联网、报纸、杂志等渠道获取健康信息越来越方便，难免有人会自我对症、自我诊断。尤其是一些具有一定文化素质的人，身体出现一种症状，便对照医学书籍或科普文章进行比较分析。由于对医学的一知半解，他们通常是越比较越像，表现出高度的敏感、关切和紧张，越来越为莫须有的症状焦虑不安，由此而产生恐惧、悲观情绪，给家庭生活带来阴影。因此，不自我对症，不乱给自己贴标签，这是治疗疑病症的重要原则。②不要太敏感。杜绝经常自我检查、自我暗示的不良生活习惯。无根据的担心疑虑，本身就是一种不良的心理因素，是诱发多种身心疾病的导火线。③不要过分关注。一般来讲，疑病症患者人格特征更倾向于敏感、多疑、主观、固执、谨小慎微，对身体过分关注，对自己身体的变化特别警觉，稍有不适就认为自己生病了。只要不是器质性疾病，对自己身体上一些功能性症状和不适要抱着“听之任之”的态度。④不拒绝诊治。对于偶然发现的确实存在的疾病，要积极诊治；对于个人不能克服的疑病症，必要时可以找医院心理医生接受心理咨询。

（5）抑郁症。抑郁症又称抑郁障碍，是以显著而持久的心境低落为主要临床特征的一种常见的心境障碍，可由各种原因引起。主要症状有：心境低落，主要表现为显著而持久的情感低落，抑郁悲观；思维迟缓，表现在主动言语减少，语速明显减慢，声音低沉，对答困难，严重者交流无法顺利进行；意志活动减退，表现为行为缓慢，生活被动、懒散，不想做事，不愿和周围人接触交往，常独坐一旁，或整日卧床，闭门独居，疏远亲友，回避社交，严重者常伴有消极悲观的思想及自责自罪，可萌发绝望的念头，这是抑郁症最危险的症状，应提高警惕。此外还有睡眠障碍、乏力、食欲减退、体重下降等，睡眠障碍主要表现为醒后难以人睡。

预防抑郁症除主动寻求专业帮助外，个人还必须采用自我治疗的行动计划，来有效缓解甚至消除抑郁症状。①坚持锻炼。运动是自救的基础。俗话说，一日之计在于晨，坚持晨练可以充分调动人体潜能，活化身体细胞，随着身体的放松，内心情绪自然就会有一定的缓解。②主动交往。把自己关在家里，逃避与人接触，是抑郁症患者常见的表现，改变这种恶性循坏的前提必须强迫自己走出去，多接触朋友，参加社会活动或出去旅游，尽管开始内心会很痛苦，但只要坚持，负面的情绪感受就会被外部环境慢慢消融。③开卷有益。多阅读一些心理学、哲学等启迪心智方面的书籍，提高自身生存智慧，对生命有更深刻的认识，以超越过去的思想局限。④打开心扉。向朋友诉说自己的烦恼，把复杂问题分解成简单问题，身体力行，做自己心灵的主人。

三、心理问题的预防

1. 学会正确面对压力，提高心理承受能力。增强心理承受能力需要持之以恒地去培养，不要企图一蹴而就。应该学习和采用积极的应对方式，掌握心理卫生基本知识和应对技巧，缓解应急刺激与压力的不良反应。

2. 学会正确交往方式，减轻心理冲突影响。在日常交往中，相互理解和善于表达所思所想，既能取悦他人，也能够轻松自己，这是积极消除心理障碍的方法，对于有效预防心理问题助益很大。

3. 学会自我情绪调节，保持积极健康情绪。要认识到，学习生活中遭遇烦恼或是挫折是不可避免的，应该学会至少一种自我调节方法。当遇到心理问题自己暂时无法解决而感到痛苦时，一定要学会积极求助，主动寻求心理咨询师的帮助。

4. 学会寻求社会支持，发展积极的社会支持系统。社会支持是一个人与社会联系的密切程度，往往具有缓解压力、降低应激反应的疏解作用。人与人之间的亲密互动、互相支持是社会支持的本质所在。心理研究表明，良好的个人社会支持系统可以很快使人摆脱困境的束缚，获得来自他人或社会组织的物质和精神上的双重支持，特别是来自精神方面的情感支持最重要。因此，当遇到问题、遭遇挫折和困难时，有家庭的支持、朋友的帮助和其他社会组织的支援就会获得温暖、爱、归属感和安全感，从而感受到生活的幸福和美好，人生也会变得顺畅，发展也会越来越成功。

思考

1. 说说你知道的关于食品安全的案例，如何提高食品安全意识？

2. 常见传染病有哪些？在校园中如何做好传染病的预防？

3. 影响心理健康的因素有哪些？怎样有效预防心理问题？

讨论

现在很多学校要求同学们每日进行健康“晨检”，请各抒己见，发表你对“晨检”的看法。

实践

小调查　　**关注食品安全，共享健康生活**

食品安全问题越来越成为人们关心的问题。为了更好地了解大家对食品安全问题的看法，以期能够自觉做到安全饮食、健康生活，请完成这份调查问卷。

1. 在日常生活中，你关注食品安全吗？（　　）

A. 关注　　B. 不关注　　C. 无所谓

2. 你经常就餐的地点在哪儿？（　　）

A. 学校食堂　　B. 学校周边餐厅　　C. 马路边无证摊点

3. 你有没有买过不安全或者过期的食品？（　　）

A. 经常有　　B. 很少有　　C. 从没有

4. 你觉得学校食堂的餐具和就餐环境卫生吗？（　　）

A. 卫生　　B. 不卫生　　C. 一般

5. 你觉得学校周围的小餐馆卫生吗？（　　）

A. 卫生　　B. 不卫生　　C. 一般

6. 在选购食品时，你都关注哪些？（多选）（　　）

A. 商品包装价格　　B. 食品安全标准　　C. 生产日期和保质期　　D. 食品品牌

7. 你是如何获取有关食品安全方面知识的？（多选）（　　）

A. 电视，广播　　B. 杂志，报纸　　C. 网络　　D. 有关课程

8. 你对哪一类食品最不放心？（多选）（　　）

A. 蔬菜　　B. 水果　　C. 饮料　　D. 奶制品

9. 你所遇到的食品安全问题有哪些？（多选）（　　）

A. 没达到国家卫生标准　　B. 假冒知名品牌

C. 过保质期还在销售　　D. 虚假宣传

10. 当你遇到食品卫生安全问题时是怎么解决的？（多选）（　　）

A. 向有关部门申诉　　B. 向消费者协会投诉

C. 向销售部门要求赔偿　　　　　　　　　　D. 不了了之

11. 你认为提高食品卫生安全最需要做的是什么？（多选）（　　）

A. 对出现食品安全问题的生产加工企业依法严惩

B. 政府有关部门加强检查

C. 普及安全消费知识，提高购买者的鉴别能力

D. 曝光典型案件

12. 对于目前常见的食品安全问题，你应该采取什么方法避免？（多选）（　　）

A. 不吃路边小摊上的食品

B. 购买时注意生产日期、保质期等

C. 注意媒体报道，不购买黑名单上的食品

D. 尽量选择在家用餐，减少外出用餐次数

延伸阅读

培养健康心理，规避人生风险

有一则老掉牙的伊索寓言：父子俩赶一头驴到集市上去卖，正走着，路上就有人说："瞧那两个傻瓜，明明有头驴不骑，却自己走路。"父子俩觉得有道理，于是便舒舒服服地骑驴而行。可过一会儿，又有人议论："看那两个懒家伙，驴快给压坏了，到了集市还有谁买。"父子俩也觉得有道理，于是把驴的四条腿绑在一起，倒挂在扁担上抬着走……同学们，你是否也是这样？一味接受外界刺激，频繁更改自己的目标，为他人的议论、指责而烦恼，为学习、人际关系的竞争而焦虑，不能正确认识自己，不能正确树立自我形象，或消极自卑，或自负自傲，使自己滋生不良心态。

马云出生于普通人家，从小学到中学，身材瘦小的他有一个和自己身体条件很不匹配的爱好——打架，还因此缝过3针，挨过学校的处分，他的父亲为此帮他转过三次学。从初中到高中，除了英语之外，其他学科都很平庸。第一次参加高考，马云数学全年级倒数第一，而如今他已拥有了阿里巴巴这一全球最大的零售品牌。一个人只要正确悦纳自己，就能正确认识自己、肯定自己、鼓励自己，发掘自己的优势、长处，就能做得越来越好，发展的也会越来越好。

在我们的现实生活中，或多或少总会遇到不顺心的事：某次考试失败，亲人有难，和同学闹别扭，与家长怄气等，所有这些，可能会让自己消沉、痛苦，但是，你就是痛苦得卧床不起，也还是改变不了这些客观现实。聪明的办法就是承认它、接受它，然后再想办法去解决它。常听有人说，"别人能做到的事情，我也一定要做到。"请问一问自己，有些事情，就算尽我最大的努力，我能做到吗？我们应该尽量做到最好，但不要强求，有些事实不可避免又令人不快，我们得学会勇于承认和接受。坦然地面对自己的短处也是一种风

度，可以排解自己的心理压力，让自己在轻轻松松的心境下投入学习和生活。当不愉快的情绪困扰我们时，我们还可以选择合理宣泄——将不愉快的情绪表达出来。宣泄必须合理，以不伤害别人为前提。在青少年时期，渴望人格上的独立和自立，渴望获得平等的权利和尊重，这种心理随年龄的增长有时会越来越强烈，当受到不良行为诱导后，一旦被激怒，轻则反感对抗，重则予以报复。现在有些青少年犯罪一般没有事前的充分考虑和酝酿过程，没有预谋，往往只要受到某种刺激，一时冲动，就可能立即萌生恶念，实施犯罪，不计后果。家住河北的16岁少年王某为给女友找工作，搭乘了一辆黑车，前往一个位于郊区的工业园区。途中因女司机走错路，王某便有些急躁，车行驶到一个偏僻路段，两人发生了争吵。这时女司机瞪了王某一眼说："你爸妈是怎么教育你的！"坐在后座上的王某顿时被这句话惹恼，掏出此前在商店购买的电线，猛勒在女司机脖子上。几天后，王某被警方抓获。一个中专文化程度的孩子为什么会因为一句话将他人杀害？结合多年的审判经验，法官认为王某因言语不和故意杀人违背常理，决定邀请专家对王某进行心理辅导，心理专家认为：一个人的行为会受外界诱因影响而变化，往往会为一点小事甚至一言不合就大动干戈，直至酿成伤害。由于王某平时极度反感别人提及他父母对他的教育问题，正是这个原因让他走上了犯罪道路。心理学家把12~18岁的未成年人称为人生的"危险期"，万一把握不好便容易步入歧途，甚至发生质的变化。

该如何给不良心理降温，如何规避这些人生风险，不妨试试以下几点：①多与外界交流。每个人都有同他人交流的欲望和需要。有些人不想让别人知道自己的心事，不愿意把心里的苦恼、委屈和悲伤说出来，这样不仅无助于问题的解决，而且会加重自己的烦躁，久而久之还可能产生心理问题。正确的做法是找一位知心朋友交流谈心，也可以写日记。如果担心隐私被人发现，可以把内心烦恼发到网络论坛，同时还能看到更多人的反馈，从而起到逐渐消除烦躁的效果。②目标转移。如果是因为某件事或某个人而感觉心情烦躁，就不要强迫自己做事。这时不妨看电视、听音乐，或找些事情做，以转移对烦恼的过度注意。③心理暗示。人们常说的"阿Q精神胜利法"，从心理学角度看实际上就是一种积极的心理暗示，应该说这种方法在特定时期和场合是很有实际效果的。暗示是一种心理现象，有积极暗示和消极暗示之分。心情不佳时，如果对自己采取消极暗示，只会"雪上加霜"。这时应该对自己采取积极暗示，告诫自己这是正常现象，同时多回想一些以前经历过的美好情景和值得自豪的事情。不要因为人生难以把握而灰心，不要因为人生遭受挫折而丧气。正是因为人生的不确定，恰恰给了我们发展自己、突破自己、实现自己价值的机会。所以，即使处于低潮时，也不可灰心丧气。输不起的人是赢不回来的。

生活的快乐与否，完全取决于个人对人、事、物的看法如何，因为生活是由思想造成的。比如，两个人看到水壶里还有半壶水。一个人说："哎，只剩下半壶水。"另一个人说："不错，还有半壶呢！"同样的遭遇，有乐观精神的人与无乐观精神的人持有截然不同的态度：一个悲观沮丧，一个乐观满足。既然生活的快乐与否完全取决于个人的看法，那我们就可以试着改变自己的看法，我们可以选择让自己处于一种积极、乐观的情绪状态。

请告诉自己：我要做一个乐观的、积极的、快乐的人！只要有了这种追求，你离快乐就不再遥远。

每个人都会有喜怒哀乐，在不良情绪产生之后，积郁于心，耿耿于怀，丢不开，放不下，致使消极情绪不断漫延，甚至日益加重，会严重影响学习和日常生活，这就需要我们学会调适情绪。当心情不好时，有意识地转移注意的焦点，可以做一些平日喜欢的事情，如唱唱歌、打打球、走一走，在特别委屈难过的时候，也可以痛哭一场，以排遣、发泄自己的紧张、烦恼和痛苦。当事情不顺利时，不妨避开一下，改变一下生活环境，可能会使精神得到松弛。试着帮助他人做些事情，将会使自身的烦恼转化为振作，产生一种做了好事的愉快感和被肯定的成就感。因此，我们应学会自我安慰、自我暗示或自我激励，还得学会心理换位，将心比心，站在对方的角度冷静地分析，体会别人的情绪和思想，这些都有利于控制和消除不良情绪。

总之，拥有健康的心理才会有健康的人生。常听人说：只有优异的成绩，却不懂得与人交往，是个寂寞的人；只有超人的技能，却不了解自己，是个迷惘的人；只有过人的智商，却不懂得控制情绪，是个危险的人。只有心理健康的人，才是真正成功的人。今天同学们来到了学校，就应该对学校的生活充满信心，有这么多同学在一起，有这么多老师在关注你，还有这么多知识需要学习，相信这几年的求学一定会成为你最美好的记忆。

第二章 消防安全

【内容提要】

本章主要介绍消防安全基本知识、校园消防安全与预防、火灾扑救与逃生等相关知识。

【学习目标】

1. 了解消防安全基本知识，做到预防在前。

2. 掌握校园消防安全预防知识，做好学生公寓、公共场所火灾安全防范。

3. 学习火灾扑救的基本方法，学会应急逃生与自救。

【关键词】

消防安全知识　逃生与自救

火灾是威胁人类安全的重要灾害，就其破坏性来看，它是仅次于旱灾、水灾的第三大灾害。任何一场火灾都可能造成重大后果，带来无可挽回的财产损失和人身伤害，严重威胁着人们的生活、生产和生命安全。学校是人员密集的场所，一旦发生火灾，危害将十分严重。因此，消防安全历来是学校安全工作的重点，在积极落实消防安全责任、加强消防管理的同时，要进行消防安全知识指导，及时排查消防安全隐患，杜绝违规违章行为，预防消防安全事故发生。

第一节 消防安全基本知识

一、消防安全常识与消防工作

消防即预防和解决（扑灭）火灾的意思，亦指灭火（包括消防车、消防技术、消防器材等）和防火人员。据史料记载，我国已有 2 000 多年的消防历史，现代意义的消防可以更深层地理解为消除危险和防止灾难。在各类自然灾害中，火灾是一种不受时间、空间限制，发生频率很高的灾害。这种灾害随着人类用火的历史而伴生，用以防范和治理火灾的消防工作也就应运而生。我国 1984 年 5 月 13 日由国务院公布《中华人民共和国消防条例》；1998 年 4 月 29 日由全国人大公布《中华人民共和国消防法》(以下简称《消防法》)，并于 2008 年进行了修订。

1. 消防安全常识

2012年，为加强全民消防宣传教育，增强全民消防意识，提高全民防火、灭火、自我保护能力，根据现阶段我国火灾特点，公安部、教育部、民政部、文化部、广电总局、国家安全监管总局六部门制定了《消防安全常识二十条》，要求在全社会认真组织开展消防安全常识宣传普及活动。

《消防安全常识二十条》是从国家消防法律法规、消防技术规范和消防常识中提炼概括的，是每个人应当掌握的最基本的消防知识。

第一条　自觉维护公共消防安全，发现火灾迅速拨打119电话报警，消防队救火不收费。

第二条　发现火灾隐患和消防安全违法行为可拨打96119电话，向当地公安消防部门举报。

第三条　不埋压、圈占、损坏、挪用、遮挡消防设施和器材。

第四条　不携带易燃易爆危险品进入公共场所、乘坐公共交通工具。

第五条　不在严禁烟火的场所和人员密集场所动用明火和吸烟。

第六条　购买合格的烟花爆竹，燃放时遵守安全燃放规定，注意消防安全。

第七条　家庭和单位配备必要的消防器材并掌握正确的使用方法。

第八条　每个家庭都应制订消防安全计划，绘制逃生疏散路线图，及时检查、消除火灾隐患。

第九条　室内装修装饰不宜采用易燃材料。

第十条　正确使用电器设备，不乱接电源线，不超负荷用电，及时更换老化电器设备和线路，外出时要关闭电源开关。

第十一条　正确使用、经常检查燃气设施和用具，发现燃气泄漏，迅速关阀门、开门窗，切勿触动电器开关和使用明火。

第十二条　教育儿童不玩火，将打火机和火柴放在儿童拿不到的地方。

第十三条　不占用、堵塞或封闭安全出口、疏散通道和消防车通道，不设置妨碍消防车通行和火灾扑救的障碍物。

第十四条　不躺在床上或沙发上吸烟，不乱扔烟头。

第十五条　学校和单位定期组织逃生疏散演练。

第十六条　进入公共场所注意观察安全出口和疏散通道，记住疏散方向。

第十七条　遇到火灾时沉着、冷静，迅速正确逃生，不贪恋财物、不乘坐电梯、不盲目跳楼。

第十八条　必须穿过浓烟逃生时，尽量用浸湿的衣物保护头部和身体，捂住口鼻，弯腰低姿前行。

第十九条　身上着火，可就地打滚或用厚重衣物覆盖，压灭火苗。

第二十条　大火封门无法逃生时，可用浸湿的毛巾衣物堵塞门缝，发出求救信号等待救援。

2. 消防工作内容

消防工作是一项知识性、科学性、社会性很强的工作，涉及各行各业、千家万户，与经济发展、社会稳定和人民群众安居乐业密切相关。在生产工作和生活中，人们对消防安全管理稍有疏漏，一时失神、失控、失误，就有可能酿成火灾。纵观多年来火灾事故教训，尽管致灾原因复杂，但可以看出绝大多数火灾都源于一人一事一时之误。消防工作的内容主要包括以下几个方面。

（1）做好防火监督管理。主要包括：

1）对各类建筑工程进行监督管理。按照我国《消防法》规定，新建、改建、扩建、建筑内部装修和用途变更的建筑工程都必须按照国家建筑工程消防技术标准进行设计。建设单位应将有关消防设计图纸及有关资料报送当地公安消防机构审核批准方可施工。竣工时须经公安消防机构验收合格，方可投入使用。

2）实施日常的消防监督检查。按照我国《消防法》规定，公安消防机构对机关、团体、企业、事业单位遵守消防法律、法规的情况依法进行监督检查。对消防安全重点单位进行监督抽查。此外，举办具有火灾危险的大型群众性活动前以及公众聚集场所使用或者开业前也应进行消防安全检查。建筑工程消防设计审核、验收等监督检查不得收取费用。工作人员在进行监督检查时，应当出示证件。对检查发现的火灾隐患，依法责令立即改正或限期改正；拒不改正的，依法予以处罚。

3）对各种消防产品质量实施监督管理。消防产品是涉及人身财产安全的产品，根据有关法律规定，参照国际通行做法，对各种消防产品制定了市场准入制度。进入中国市场的国内外消防产品都应遵守市场准入制度。我国对消防车、火灾报警设备、消防水带、自动喷水灭火设备等4类12种产品实施强制性产品认证（3C）制度；对防火门、灭火器等9类53种产品实施型式认可制度；其他消防产品实施强制检验制度。

4）有关人员应持证上岗。进行电焊、气焊等具有火灾危险的作业人员和自动消防系统的操作人员，必须经培训、考试合格后持证上岗。

（2）实施灭火和抢险救援。按照我国《消防法》规定，公安消防部队除保证完成火灾扑救工作外，还应当积极参加以抢救人员生命为主的危险化学品泄漏、道路交通事故、地震、建筑坍塌、重大安全生产事故、空难、爆炸及恐怖事件和群众遇险事件的救援工作，并参与配合处置水旱、气象、地质灾害、森林草原火灾等自然灾害，矿山、水上事故，重大环境污染、核与辐射事故和突发公共卫生事件。

（3）火灾事故调查与火灾统计。我国《消防法》对火灾事故调查做出了明确规定，为客观、公正、科学地认定火灾原因提供技术支持，公安部成立了国家级火灾事故调查专家组，由多个学科的专家组成。其主要任务是受公安部指派或经公安部同意，协助、指导各地及有关部门的火灾事故调查工作，对火灾原因提出鉴定意见；参与研究和制定火灾事故调查工作的发展规划、技术规范和标准；收集、研究国内外火灾事故调查信息；接受火灾事故调查技术咨询、培训等。

二、校园常见火灾类型

学校历来是各级政府和有关防火职能部门高度重视的防火重点单位，不论是哪一类型、性质的学校，都存在较大的火灾危险性。比如，习惯性违规违章行为时有发生，安全管理时有疏漏等。主要表现在：使用的电器产品不合格，质量没有保障，学生中普遍使用的电器产品大多本身质量并不过关，设计、生产缺少标准，存在许多安全隐患；用电不规范，缺乏安全使用电器常识，不注意电气设备和线路使用的规格和要求，不注意维护检修；不当使用电加热器具。使用热得快等电加热器具在学生公寓中十分普遍，由此引发的火灾也屡见不鲜。

根据火灾发生的原因不同，校园火灾可分为生活火灾、电气火灾和自然火灾三种。

1. 生活火灾

学生生活用火造成火灾的现象屡见不鲜，如在公寓内违章乱设燃气、燃油、电器火源，火源位置接近可燃物；在宿舍内吸烟、焚烧杂物等。

2. 电气火灾

学生在公寓内乱拉电源线路，电线穿梭于可燃物中间；使用大功率照明设备、充电器、插排、电吹风等，如果这些电器设备是不合格产品，极易引起火灾；线路老化，不及时维修更新等，也容易引发电气火灾。

3. 自然火灾

自然火灾基本有两种：一种是雷电引起的火灾，一种是物质的自燃。雷电是常见的自然现象，它产生的电弧是引起火灾的直接火源，一旦摧毁建筑物或窜入其他设备可引起多种形式的火灾。自燃是物质自行燃烧的现象。

校园火灾从引发火灾的原因来看，有做饭、吸烟、点蚊香、用电热器、做实验等。学校教学、实验仪器设备多，图书资料多，一旦发生火灾，容易造成巨大的财产损失，威胁学生安全，同时直接影响教学与实验实训的正常进行。学校人口密度大，集中居住的公寓多，一旦发生火灾，火势蔓延较快，在人员密度大、影响顺利疏散逃生的情况下，容易造成人员伤亡，甚至导致重大伤亡事故发生。

第二节　校园消防安全与预防

火灾随时随处可能发生。防止火灾发生的关键，是做好火灾的预防工作。如果每个人都能以高度的消防安全责任感，认真贯彻消防法“预防为主、消防结合”的方针，自觉遵守消防安全管理规定，科学处置消防安全隐患，积极做好火灾预防，许多火灾都可避免。

一、学生公寓消防安全与预防

学生公寓是学生集中居住、生活与学习的重要场所，关系到人身安全和财产安全，关系到学校正常的教学、生活秩序，是校园稳定和社会安定的基础。学生公寓是学校的防火重点部位之一，全面做好学生公寓防火工作，保证学生安全健康生活具有极其重要的意义。一般来说，违章使用电器是引发学生公寓火灾的重要原因。学生使用的劣质电器和大功率电器，包括劣质应急灯、充电器、电吹风、“热得快”、取暖器等，容易诱发火灾。作为一名学生，要自觉遵守学生手册和学校用电管理制度，自觉遵守各项消防法律、法规和学校的消防安全管理规定，增强防火安全意识，从日常生活中的小事做起，防范火灾的发生。

1. 养成自律习惯，保证居室安全

学生公寓可以说是学生的第二个“家”，学生公寓安全管理状况的好与坏、优与劣，可以折射出一所学校的管理状况，也体现出学生的生活自理水平和自我管理能力。因此，长期在公寓中居住生活，一定要养成自律习惯，保证居室安全。

（1）不私接乱拉临时电线。私接乱拉临时电线极易导致供电线路超负荷，引发火灾。

（2）不在公寓使用电炉、电热器等电热设备。这些电热设备用电功率比较大，容易导致供电线路超负荷，引发火灾。

（3）不在公寓使用煤气炉、酒精炉等灶具。因为公寓地方较小，可燃物品较多，稍有疏忽将酿成火灾。

（4）不在公寓点明火类蚊香。蚊香极易引燃蚊帐等可燃物，酿成火灾。

（5）不卧床吸烟，不乱扔烟头、打火机。人躺在床上很容易入睡，未熄灭的烟头掉在被褥等可燃物上容易引发火灾。

（6）注意做到人走断电。人离开房间要关掉电器开关，拔下电源插头，确保电器彻底切断电源。

只有提高防火安全意识，增强法制观念，自觉遵守消防法规和学校安全管理制度，才能消除火灾隐患，减少火灾事故的发生。

2. 保护消防设施，维护安全环境

学校所有的消防设施、设备和灭火器材，均是为了保证消防安全的，一旦发生火情，这些设备将起到报警、引导疏散、阻止火势蔓延和扑救火灾的作用。每个人都必须了解这些设施、设备和火火器材的用途和使用方法，并保护这些设施、设备和灭火器材长期处于良好状态。维护消防安全，保护消防设施，不损坏或者擅自挪用、拆除、停用消防设施、器材，不埋压、圈占消火栓，不堵塞消防通道是每个人的基本消防义务。

目前，学校在学生公寓内设置的消防设施、设备和灭火器材主要有以下五种：

（1）防火报警设备。主要用于监测火灾。防火报警的手报按钮和烟感探头一般安装在人员集中场所或重点部位，一旦出现火情，它将发出火灾报警信号。其中，烟感探头如图2—1所示。

（2）应急照明灯和疏散指示标志。应急照明灯和疏散指示标志一般安装在疏散通道内或安全出口处，一旦发生火灾，供电中断，人们可利用应急照明灯的照明，按照疏散标志指示的方向，疏散到安全地点。其中，疏散指示标志如图2—2所示。

图2—1　烟感探头

图2—2　疏散指示标志

（3）疏散通道和安全出口。安全出口设在人员集中的场所，正常情况下它是关闭的，但遇紧急情况时能及时打开。疏散通道必须随时保证畅通，一旦发生火灾，人员能及时通过疏散通道和安全出口疏散到安全地点。

（4）消火栓。一般设置在楼道公共部位的墙壁上，有明显的标志，内有水龙带和水枪，它是扑灭火灾的主要水源，如图2—3所示。一旦发生火灾，找到离火场距离最近的消火栓，打开消火栓箱门，取出水带，将水带的一端接在消火栓出水口上，另一端接好水枪，拉到起火点附近，打开消火栓阀门接入水带取水灭火（注意：在确认火灾现场供电已断开的情况下，才能用水进行扑救）。

（5）灭火器。灭火器是用来扑救初期火灾的，如图2—4所示。学校的很多地方均配备了足够数量的灭火器，一旦发现火情，可用附近灭火器进行扑救。目前学校配备的一般是手提式灭火器。灭火器的正确使用方法可总结为五字口诀：“拔、握、瞄、压、扫”，即右手提着灭火器到现场，除掉铅封，拔掉保险销，左手握着喷管，右手提着压把，在距火焰2 m的地方，右手用力压下压把，左手拿着喷管左右摆动，喷嘴瞄准火焰根部扫射，喷射有效距离应保持在1.5 m左右。

上述消防设施、设备和灭火器材只有在通畅、良好的情况下，才能保证出现火情后，人员能及时顺利疏散，实施有效扑救，将人员伤亡和火灾损失降到最低。

图2—3 消火栓

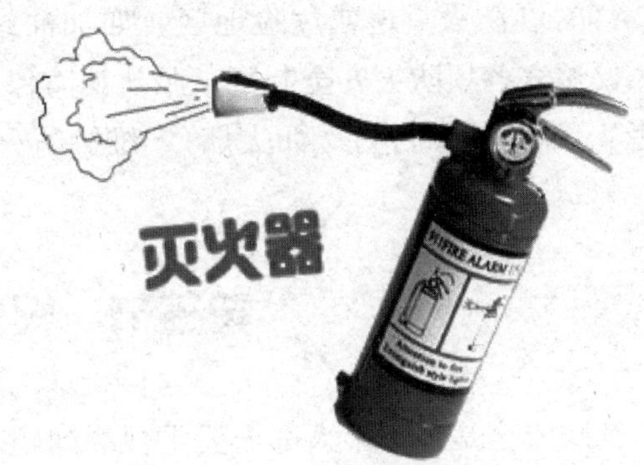

图2—4 灭火器

二、公共场所消防安全与预防

学校教室、实训室、餐厅、图书馆等公共场所人员往来频繁、密度大，日常用电量高，其室内装修使用的可燃物质等诸多因素，都是严重的火灾隐患。如果管理松散，防火意识不强，极易造成人员伤亡，特别是群死群伤。

1. 教室、实训室消防安全与预防

进入教室和实训室要自觉遵守纪律，时刻注意安全。

（1）要严格遵守各项安全管理规定、安全操作规程和有关制度。

（2）操作使用仪器设备前，应认真检查电源、管线、火源、辅助仪器设备等情况，使用完毕应认真进行清理，关闭电源、火源、气源、水源等，还应清除杂物和垃圾。尤其是使用易燃易爆危险品时，更要注意防火安全规定。

（3）电器线路破旧、老化要及时报修、更换。电路保险丝（片）熔断，切勿用铜丝、铁丝代替，不能超负荷用电。

（4）在任何情况下都要保持疏散通道畅通。

2. 其他公共场所消防安全与预防

进入学术报告厅、礼堂等公共场所，首先要了解所处场所的应急出口情况，熟悉防火通道，清醒认识公共场所的火灾危险性，严格遵守公共场所的防火规定，禁止一切不利于防火的行为。

（1）进入公共场所，自觉配合安全检查，不在公共场所内吸烟和使用明火，不将无关的易燃易爆物品带入防火重点部位。

（2）不携带烟花爆竹及易燃危险品进入公共场所和乘坐公共交通工具。

（3）车辆、物品不压占消防设施，不应堵塞消防通道，严禁挪用消防器材，不得损坏消火栓、防火门、火灾报警器、火灾喷淋等设施。

（4）学会识别安全标志，严格遵守各种安全标志、消防标志的要求，熟悉安全通道，记住疏散方向。

（5）在防火重地或危险地区，如加油站、油气储罐站、液化气换瓶站、煤气调压站等，要遵守各项防火安全制度，服从消防保卫人员的管理，协助劝阻违章人员（如接打手机者）、制止违章行为（如吸烟），维护防火重点部位的消防安全。

第三节　火灾扑救与逃生

消防安全是每一个人都需要重视的问题。了解消防安全知识，对自己的生命安全至关重要，不仅能提高自身消防“四个能力”（消除火灾隐患的能力，扑救初级火灾的能力，疏散逃生的能力，消防宣传教育的能力），做到“一懂三会”（懂得本场所用火、用电、用油、用气火灾危险性；会报警，发现火灾后会迅速拨打119电话报警；会灭火，发生火灾后会使用灭火器、消防栓等扑救初期火灾；会逃生，懂得逃生技巧，发生火灾后迅速逃离现场），而且能最大限度降低火灾隐患对生命构成的威胁。

一、火灾扑救的基本方法

1. 常用的灭火方法

一般情况下，燃烧必须同时具备三个条件——可燃物质、助燃物质和火源。只要能去掉一个燃烧条件，即能将火熄灭。常用的灭火方法有以下几种：

（1）隔离法。将着火的地方和物体与其周围的可燃物隔离或移开，燃烧就会因为缺少可燃物质而停止。

（2）窒息法。阻止空气流入燃烧区或用不燃烧的物质冲淡空气，使燃烧物得不到足够的氧气而熄灭。

（3）冷却法。将灭火剂直接喷射到燃烧物上，以降低燃烧物的温度。当燃烧物的温度降低到该物的燃点时，燃烧就停止了。

（4）抑制法。用含氟、溴的化学灭火剂喷向火焰，让灭火剂参与到燃烧反应中去，从而达到灭火。

2. 简便易行的灭火方法

对突然发生的比较轻微的火情，可用以下简便易行应付紧急情况的方法。

(1) 水是最常用的灭火剂，木头、纸张、棉布等起火，可以直接用水扑灭。

(2) 用土、沙子、浸湿的棉被或毛毯等迅速覆盖在起火处，可以有效地灭火。

(3) 用扫帚、拖把等扑打，也能扑灭小火。

(4) 油类、酒精等起火，不可用水去扑救，可用沙土或浸湿的棉被迅速覆盖。

(5) 煤气起火，可用湿毛巾盖住火点，迅速切断气源。

(6) 电器起火，不可用水扑救，也不能用潮湿的物品捂盖。正确的方法是首先切断电源，然后再灭火。

(7) 有条件的，还可以学习一些简易灭火器的使用方法。如 1211 灭火器，适用于扑救油类、带电设备、精密仪器、仪表、文物、档案等物品的火灾；二氧化碳灭火器适用于扑救各种易燃流体和固体物质火灾；干粉灭火器适用于扑救油类、可燃气体和电器设备火灾；泡沫灭火器适用于扑救各种油类火灾。

3. 翔实准确的报警程序

出现火警，可就地拨打“119”向公安消防部门报警。拨打火警电话要做到：

(1) 打电话时要情绪镇定。

(2) 听到话筒里说“我是火警报警中心”时，再报告火灾情况。报警时应说清发生火灾的单位名称、详细地点、着火物种类、烟雾火光火势大小、现场有无易燃易爆危险物品、现场及周边的供水条件、报警人电话、报警人姓名。

(3) 要注意报警中心的提问，不要说完就放下电话，当对方说消防车马上就到时再挂断，并且派人在有关路口等候，接应消防车辆和人员顺利赶往现场。

(4) 向有关部门报警后，还应向周围人员报警，大声呼喊或采取其他方法引起邻居、行人注意，呼喊周边人员一同采取有效措施灭火。

(5) 不能随意拨打火警电话，假报火警是扰乱社会公共秩序的违法行为，会受到公安部门的法律制裁。

4. 果断迅速的火灾扑救

(1) 火灾扑救原则。一旦发生火灾，采取有效的灭火方法是战胜火灾的法宝。有效灭火应明确掌握三个原则：救人第一和集中兵力于火场；先控制火势、后消灭火灾；先重点、后一般。这三个原则是根据火灾特点，分析火场元素的轻重缓急得出的科学结论。根据灭火三原则，应采取以下扑救组织工作：先报警，并向周围人员发出火警信号；就地取材，立即使用火场附近的灭火器具进行灭火，利用初起火灾的不稳定性，力争将火灾消灭在初起阶段；若有多名人员，应立即组织扑救分工，分头抢险；如有老弱病残人员，首先要疏散到安全地带；如有火场指挥，一定要服从命令，一切行动听指挥；不莽撞行事，要特别注意自身安全，避免伤亡。

（2）火灾扑救注意事项。在扑救初始火灾时，一定要注意：用水扑救带电火灾时，必须先将电源断开，严禁带电扑救；使用水龙带时防止扭转和折弯；扑灭液体（汽油、酒精）火灾时，灭火泡沫不能直接喷射液面，要由近及远，在液面上 10 cm 左右扫射，覆盖燃烧面切割火焰；注意保护现场，以利于火因调查；消防人员一到，立即移交指挥权，并做好消防人员交办的各项工作。

二、正确的逃生与自救方法

人的生命是最为宝贵的，火场上必须采取一切措施保护人员的生命安全。身处火场，保护生命安全，是人的本能，但逃生无术，往往使人身临绝境，造成伤亡。所以，一旦遇到火灾，发现或意识到自己可能被烟火围困，生命安全受到威胁，除消防人员设法营救外，还要争分夺秒，设法逃生与自救。

1. 参加消防演练，才能遇火不慌

每个人都应积极主动参加消防疏散演练，只有有了疏散常识和经过培训，才会遇火不慌。

请牢记：要想遇火不慌，必先成竹在胸。

2. 熟悉环境，临危不惧

为了自身安全，每个人对自己工作、学习或居住的场所结构及逃生通道平日就要做到了如指掌，一旦身处火场时，才能保持冷静，针对火情做出正确判断，选择最佳的逃生路线和方法。身在陌生环境，如入住酒店、商场购物、进入娱乐场所时，务必留心疏散通道、安全出口和楼梯方位等，以便在关键时候能尽快逃离。

请牢记：平常居安思危，方能预留通路。

3. 扑灭小火，惠及自己和他人

当发生初起火灾时，如果发现火势并不大，且尚未对人构成很大威胁时，要稳定自己的情绪，保持清醒的头脑，想办法利用楼内的消防器材或用水浇、用湿棉被覆盖等方式奋力就地灭火，千万不要惊慌失措地乱叫乱窜，置小火于不顾而酿成大灾。若不能马上扑灭，有被火势围困的危险时应该设法脱险。

请牢记：争分夺秒消灭初火，清醒处置临危不惧。

4. 保持镇静，迅速撤离

突遇火灾，面对浓烟和烈火，首先要使自己保持镇静，迅速判断危险地点和安全地点，决定逃生的办法，尽快撤离险地。千万不要惊慌失措，不要拥挤，不要盲目跟随人流乱跑。撤离时要尽量朝明亮处或者外面空旷地方跑，若通道已被烟火封堵，则应背向烟火方向离开，通过阳台、气窗、天台等向室外逃生。不要因害羞或顾及贵重物品，把宝贵的逃生时间浪费在穿衣服或寻找、搬出贵重物品上，已逃离火场的人千万不要重返险地。

请牢记：不为贪财入险地，人间最贵是生命。

5. 简易防护，掩鼻匍匐。逃生时经过充满烟雾的路线，为防止烟雾中毒，预防窒息，可用湿毛巾或衣物掩住口鼻，也可向头部、身上浇冷水或用湿棉被、湿毯子等将头、身裹好后再冲出去。如逃生必经路线充满烟雾，为防止浓烟呛人，防止或减少吸入有毒烟气，要贴近地面低姿势或掩鼻匍匐前进。

请牢记：简易防护虽简单，逃生安全上保险。

6. 善用通道，莫入电梯

一般建筑物都会有两条以上通道、楼梯和安全出口。发生火灾时，要根据情况选择较为安全的楼梯通道。选择逃生路线，应根据火势情况，优先选用最简便、最安全的通道。如楼层起火时，先选用安全疏散楼梯、室外疏散楼梯、普通楼梯等，如果这些通道已被烟火切断，再考虑利用楼顶窗口、阳台和落水管、避雷线等凸出物下滑下楼脱险。由于电梯在火灾时可能断电，电梯受热会变形，人将被困在电梯里无法逃生。

请牢记：逃生要安全，请勿乘电梯。

7. 缓降逃生，滑绳自救

高层、多层建筑物发生火灾后，可迅速利用身边的床单、窗帘、衣服等自制简易救生绳，并用水打湿后，从窗台或阳台沿绳滑到下面的楼层或地面安全逃生，而不是盲目跳楼。即使跳楼也要跳到消防人员准备好的救生气垫或二层及以下才可以考虑采取跳楼的方式，还要注意不要站在窗台上往下跳，可用手扒住窗台或阳台，身体下垂，自然落下，这样既可保证双脚先着地，又能缩短高度。跳楼虽可逃生，但会对身体造成一定的伤害，所以要慎之又慎。

请牢记：胆大心细想逃生，简易绳索能自救。

8. 避难场所，固守待援

如果逃生通道被切断，且短时间内无人救援，可以关闭通往着火区的门窗，退到未着火的房间，用湿棉被、毛毯、衣物等将门窗缝隙封堵，防止烟雾窜入，直到救援人员到达。为引起救援者的注意，在白天，可以向窗外晃动鲜艳衣物，或外抛轻型晃眼的东西；在晚上，可用手电筒不停地在窗口晃动或敲击东西，及时发出有效的求救信号，尽量避免大声呼喊，防止有毒烟雾吸入呼吸道。在被烟气窒息失去自救能力时，应努力爬到墙边或门边，以便于消防人员寻找、营救，也能防止房屋塌落时伤及自己。因为消防人员进入室内都是沿墙摸索行进，爬到墙边或门边，便于消防人员寻找营救。

请牢记：充分暴露自己，才能有效救自己。

9. 火已及身，切勿惊跑

如果发现自己身上着火了，惊跑和用手拍打只会形成风势，加速氧气补充，促进火势。正确的做法是赶紧脱掉衣服或就地打滚，压灭火苗。

请牢记：火已烧身就地滚，易行有效能脱身。

思考

1. 校园常见火灾类型有哪些？如何做好学生公寓和公共场所的安全预防？
2. 如何正确扑救火灾？遵循的原则是什么？
3. 面对突如其来的火灾，应如何应急逃生与自救？

讨论

技工院校学生能不能参加救火？

实践

应急疏散演练实施方案

一、演练内容

为深入推进平安校园建设，全面落实综合治理各项工作，指导师生掌握应急状态下的正确防震和消防疏散等应急避险常识，熟悉紧急疏散的应变程序和逃生路线，提高防范意识和自救能力，特制定本应急演练实施方案。

二、组织领导

成立领导小组，由各系主任任总指挥，负责下达指令；副主任及辅导员负责应急疏散组织及意外事故处理；班主任（任课教师）及宿舍管理员负责本班应急疏散指挥，组织实施应急演练。具体分工如下。

组　长：总指挥；

副组长：分管宣传、器材、报警、救护四个工作组，分管引导、疏散、灭火、警戒、联络五个工作组；

宣传组：负责相关的消防宣传；

器材组：负责准备好相关的演练器材；

报警组：负责发现火情第一时间拉响警报；

救护组：负责在医务人员到来前妥善安置伤员；

引导组：负责在各路口引导学生安全撤离到集合地点；

疏散组：各班主任、辅导员及其他任课教师负责按紧急疏散路线指挥本班学生安全撤离到集合地点；

灭火组：负责把火情消灭；

警戒组：负责学校大门口治安维护，保障救援车辆、撤离人员出入畅通；

联络组：负责协助总指挥随时掌握现场情况，并与各部门和相关人员取得联络。必要时到校门口或必经之路引导消防、救护车辆和人员顺利进入现场，引导消防指挥人员与学校领导取得联系。

三、实施细则

1. 演练前准备

(1) 班主任在演练前，利用晨读通知学生，并对学生讲解火灾逃生自救常识，让学生熟悉应急疏散演练的方法步骤，应急演练集中地点和途经的路线，教育学生严肃认真、听从指挥、保持安静，避免推拉、冲撞和拥挤，防止意外事故发生。

(2) 按课程表正常上课，火灾警报发出后，任课教师负责组织该班学生按演练细则要求撤离到集合地点。班主任要以最快的速度赶到班级，协助任课教师组织学生有序疏散。

2. 组织疏散

(1) 学生处、保卫处负责按照演练细则监督全校师生应急疏散工作。

(2) 演练总指挥发布演练开始指令，辅导员用哨声发布疏散警报，疏散组和引导组组织各班撤离到集合地点。

(3) 火警发出时，各班任课教师为学生安全的第一责任人，负责组织本班学生的疏散工作。情况允许时，班主任可以协同任课教师共同组织本班学生撤离。

3. 演练程序

(1) 警报发出后，教师要先组织学生用水沾湿手帕，然后用湿手帕捂住口鼻，弯腰按撤离路线以两路纵队撤离。

(2) 各班撤离路线和顺序：任课教师必须按规定的顺序和路线组织本班学生排成两路纵队撤离，并避免发生拥挤、摔倒、踩踏等事故。教学楼一层，当听到警报后，由引导疏散教师直接按照出操的队形撤离到集合地点；教学楼二层，依次由任课教师带领快速就近从二楼撤离，引导疏散教师在二楼楼梯口处引导疏散；其他楼层依次安排疏散。

(3) 联络组迅速查看集合现场，如发现情况，应立即联络救护组查看，并快速按照应急方案进行处理。

(4) 疏散的学生到达集合地点以后，灭火组取灭火器，在预定地点演练灭火。灭火完毕后，灭火组组长向总指挥报告火情（明火已经扑灭）。

(5) 警戒组在大门口处待命，维持大门口处的车辆秩序，保障救援车辆、撤离人员畅通无阻，同时禁止闲散人员进入。

(6) 全体师生集合完毕，由总指挥对本次演练做总结讲话，宣布演练结束，各班有序带回。

4. 注意事项

(1) 在各楼梯口和各出口负责维护秩序的老师，要坚守到此出口最后一名学生撤离后再撤离，并不断告诫学生不要慌、不要急，同时防止拥堵和踩踏事故的发生。

(2) 班主任要教育学生在撤离中做到不起哄、不打闹、不推撞、不拥挤、不做恶作剧，在安全和秩序得到保障的前提下，靠楼梯右侧迅速通过楼梯快速撤离。

(3) 各班到达安全地（操场）后，由总指挥组织在操场中央按两列队形集合，所有人员一律听从调度和指挥，不得擅自四处乱跑，要避免行进路线的交叉，并始终保持安静。

(4) 各班到达集合地点后，班主任站在本班队伍最前列，尽快统计本班人数，如发现实到人数与应到人数不符，要查明原因，并迅速准确地报告给总指挥（各班学生已全部安全疏散到集合地点）。

(5) 演练结束，及时进行总结，整理书面资料存档。

四、活动要求

可参照本实施意见制定详细演练方案。应根据各教学楼和宿舍楼的建筑特点和地理位置选择演练路线，集中地点为主体教学楼前空场地、操场、学校广场。通过有组织、有计划的开展避险应急演练，切实提高学生的自救自护能力。

延伸阅读

增强消防安全意识　消除火灾安全隐患

不管是普罗米修斯将天上的火种带到了人间，还是燧人氏钻木取得了火种。火，已经深深地影响了我们的生活，成为生活当中必不可少的物质。火，带给我们熟食，让我们在饥饿中不再茹毛饮血；火，带给我们温暖，让我们在寒冷中不再蜷缩一团；火，带给我们光明，让我们在黑暗中不再感到害怕与孤单。然而，火，如果运用得不恰当，或是当它不再受人们控制的时候，它就变成了吞噬我们生命财产的恶魔，变成“火灾”。

在这个世界上最宝贵的东西就是生命。我们来到这个美丽的世界，每个人都是最幸运的，虽然生命很短暂，但只要生命不息，我们就可以尽情地享受着新鲜的空气、温暖的阳光；尽情地享受着友情的关爱、亲情的美好；尽情地享受着生活的幸福和对明天的憧憬。可是，如果我们忽略了消防安全，失去了我们宝贵的生命，这所有的一切都将化为美丽的幻影。

“隐患险于明火，防范胜于救灾，责任重于泰山”，这是我们每个人每时每刻都应该恪守的信念。在人生的旅途上，消防安全伴着你我一生同行。但就是在这一路同行的旅途中，火灾已经成为威胁公共消防安全，危害人们生命财产的一种多发性灾害。

2017 年，全国火灾形势总体平稳，但社会单位消防隐患依然突出，小火亡人事故依然不断，火灾防控压力依然较大。例如，某小区一处民宅突发大火，遗憾的是，因为防盗窗阻拦、私家车占道等原因，影响了救援，被困火海的母子不幸离世。小区目睹整个过程的邻居们眼睁睁看着母子俩被大火围困束手无策。与此相似，某处民宅凌晨时突发大火，周围的群众急忙救火，但由于阳台防盗窗没有预留逃生窗口，姐妹两个抱在一起，被烧死在阳台上。眼睁睁看着两个鲜活的生命就这样离去，这样的情景任谁都无法接受。这两起悲剧暴露出来的问题：私家车堵路导致消防登高车无法进入，家庭没有专门的消防设施，防盗窗成为消防灭火的最大障碍……。我们每个人都应该从这些悲剧中吸取教训，增强消防安全意识，预留逃生通道，确保急救通道畅通，确保灾害发生时能安全逃生，不让悲剧重演。

2010年11月15日，上海一栋高层公寓起火，导致50余人遇难。经过调查，起火大楼在装修作业施工中有两名电焊工违规实施作业，引发大火。同时，施工作业现场管理混乱，施工现场违规使用大量易燃材料，导致大火迅速蔓延。火灾发生后，多少家庭陷入悲痛之中，多少孩子失去父母，多少老人失去孩子，撕心裂肺的痛哭声令人伤感不已，悲恸的场面惨不忍睹。

随着经济社会的发展，消防，已经是城市文明的“必需品”，而消防意识，更是一个市民生活于此的“资格线”。如果仅有高楼大厦的富丽堂皇，却没有安心踏实的居住体验，这样的城市就难言宜居。“消防安全责任重于泰山”，不是哪一个人凭空想象出来的，也不是一句空洞的口号，而是通过血的教训总结出来的。水火固无情，事出必有因。安全管理中有一个“海恩法则”：每一起严重事故的背后，必然有1 000起事故隐患，而且，随着隐患因素的叠加，靠近“必然发生”的概率就会成倍增加。而每一个隐患的存在，都会充当火情的“助燃剂”，都会为后续的消防救援出难题。因此，消防的着力点，更大程度上不是救火，而是防患于未“燃”。消除火患，需要每一位生活在其中的人形成“责任在我”的共识，加强消防“四个能力”建设，别再把公共空间作为自家储藏室，别再把消防通道作为随机停车位，从我做起，从点滴养成做起，绷紧消防安全这根弦，决不放松对自己的要求，严格按规程办事，让火灾远离我们，真正做到事故苗头不在我身上发生，不在我们身边出现。只有在我们的生活和工作中唱响“增强消防安全意识，消除火灾安全隐患”这一主题，才能真正将消防安全工作落到实处。

在任何时候我们都要提高警惕，隐患面前、灾难面前没有“旁观者”，只有人人成为一道“防火墙”，下一次火灾才会被永远搁置！

消防安全警钟长鸣，消防伴你我一生同行！

第三章 交通安全

【内容提要】

本章主要介绍交通安全基本知识、交通安全与预防、交通事故应急处置等有关知识。

【学习目标】

1. 掌握交通安全基本知识，认识遵守各类交通规则的重要性。

2. 掌握行人、骑车、乘车等安全与预防措施，保障交通安全。

3. 掌握交通事故现场抢救和应急处置应遵循的基本原则，懂得一般的救助与自救方法。

【关键词】

交通安全　应急处置

衣、食、住、行是人们生活中最基本的内容，其中“行”，涉及交通问题。平日里上学、放学，节假日外出、旅游，除了步行之外，还要骑自行车、乘公共汽（电）车，路程更远的，要乘火车、乘船或是飞机。因此，我们每时每刻都应树立交通安全意识，掌握必要的交通安全知识，确保外出交通安全。

第一节 交通安全基本知识

自 1886 年世界上第一辆汽车问世以来，汽车已成为人类最重要的代步工具。根据国家统计局公布数据显示，2017 年全国民用汽车保有量 21 743 万辆，比上年增长 11.8%，其中私人汽车保有量 18 695 万辆，我国已真正步入了汽车大国时代。汽车保有量的持续增长无疑是我国人民生活水平进一步提高的标志，但众多车辆给交通运输环境也带来了前所未有的巨大压力，造成大大小小的交通事故屡见不鲜，因事故发生带来的损失更是难以估量。大家都知道一句话：红灯停，绿灯行，这是过马路时要始终牢记的警句。出入平安，也是每个人内心都希望的目标。许多交通事故的发生往往源于某些不经意的违法行为，抑或是对交通法规的不甚了解，或是对安全常识掌握不多。所以，学习和遵守交通法规，熟知交通安全基本常识是每一个人必须履行的义务。

一、交通安全

交通安全是指不发生交通事故或少发生交通事故的主观条件，即指交通参与者要严格遵守交通法规，提高警惕，不因麻痹大意而发生交通事故。只要有行人、车辆、道路这三个交通安全要素存在，就有交通安全问题。

二、交通规则

交通规则通常特指我国正在施行的交通管理法律规章，即《中华人民共和国道路交通安全法》（以下简称《道路交通安全法》）及相关法规、规章。《道路交通安全法》对道路通行条件、道路通行规定、机动车通行规定、非机动车通行规定、行人和乘车人通行规定、高速公路特别规定，以及交通事故处理等都做出了详细说明和明确要求。下面列举与日常生活最为相关的几个方面进行说明。

1. 机动车通行规定

驾驶机动车在道路上行驶，应当遵守有关交通安全管理规定。

（1）机动车在道路上行驶，不得超过限速标志标明的最高时速。在没有限速标志的路段，应当保持安全车速。

（2）夜间行驶或者在容易发生危险的路段行驶，以及遇有沙尘、冰雹、雨、雪、雾、结冰等气象条件时，应当降低行驶速度。

（3）同车道行驶的机动车，后车应当与前车保持足以采取紧急制动措施的安全距离。

（4）机动车通过交叉路口，应当按照交通信号灯、交通标志、交通标线或者交通警察的指挥通过；通过没有交通信号灯、交通标志、交通标线或者交通警察指挥的交叉路口时，应当减速慢行，并礼让行人和优先通行的车辆先行。机动车行至人行横道时，应当减速行驶；遇行人正在通过人行横道，应当停车让行。

（5）机动车遇有前方车辆停车排队等候或者缓慢行驶时，不得借道超车或者占用对面车道，不得穿插等候的车辆。

（6）机动车行驶时，驾驶人、乘坐人员应当按规定使用安全带，摩托车驾驶人及乘坐人员应当按规定戴安全头盔。

（7）机动车在道路上发生故障，需要停车排除故障时，驾驶人应当立即开启危险报警闪光灯，将机动车移至不妨碍交通的地方停放；难以移动的，应当持续开启危险报警闪光灯，并在来车方向设置警告标志等措施扩大示警距离，必要时迅速报警。

（8）机动车应当在规定地点停放。禁止在人行道上停放机动车（依照规定施划的停车泊位除外）；在道路上临时停车的，不得妨碍其他车辆和行人通行。

2. 非机动车通行规定

驾驶非机动车在道路上行驶，应当遵守有关交通安全规定。

（1）非机动车应当在非机动车道内行驶；在没有非机动车道的道路上，应当靠车行道的右侧行驶。

（2）残疾人机动轮椅车、电动自行车在非机动车道内行驶时，最高时速不得超过 15 公里。

（3）非机动车应当在规定地点停放。未设停放地点的，停放不得妨碍其他车辆和行人通行。

（4）驾驭畜力车，应当使用驯服的牲畜；驾驭畜力车横过道路时，驾驭人应当下车牵引牲畜；驾驭人离开车辆时，应当拴系牲畜。

3. 行人和乘车人通行规定

行人和乘车人应当遵守有关交通安全规定。

（1）行人应当在人行道内行走，没有人行道的靠右路边行走。

（2）行人通过路口或者横过道路，应当走人行横道或者过街设施；通过有交通信号灯的人行横道，应当按照交通信号灯指示通行；通过没有交通信号灯、人行横道的路口，或者在没有过街设施的路段横过道路，应当在确认安全后通过。

（3）行人不得跨越、倚坐道路隔离设施，不得扒车、强行拦车或者实施妨碍道路交通安全的其他行为。

（4）乘车人不得携带易燃易爆等危险物品，不得向车外抛洒物品，不得有影响驾驶人安全驾驶的行为。

4. 高速公路特别规定

行人、非机动车、拖拉机、轮式专用机械车、铰接式客车、全挂拖斗车，以及其他设计最高时速低于 70 公里的机动车，不得进入高速公路。高速公路限速标志标明的最高时速不得超过 120 公里。机动车在高速公路上发生故障时，警告标志应当设置在故障车来车方向 150 米以外，车上人员应当迅速转移到右侧路肩上或者应急车道内，并且迅速报警。机动车在高速公路上发生故障或者交通事故，无法正常行驶的，应当由救援车、清障车拖曳、牵引。任何单位、个人不得在高速公路上拦截检查行驶的车辆，公安机关的人民警察依法执行紧急公务除外。

三、交通事故

交通事故是指驾驶车辆在公路、街道或其他道路上运行时引起或所发生的死人、伤人或物件损失的事故。车辆分为机动车和非机动车，机动车包括各类汽车、摩托车和拖拉机等，是以动力装置驱动或牵引的车辆；非机动车包括畜力车和自行车等。

1. 交通事故分类

从交通事故的对象来分，可分为车辆间事故、车辆对行人的事故、车辆对自行车的事故、车辆单独事故、车辆与固定物的碰撞事故，以及铁路道口事故等。按违反交通规则的对象来分，可分为机动车事故、非机动车事故和行人事故三种。机动车事故是指机动车负主要责任的交通事故；非机动车事故主要是指自行车事故，即骑自行车人过失或违反交通规则所造成的交通事故；行人事故是指由于行人过失或违反交通规则而发生的交通事故，包括行人应负主要责任的机动车和非机动车压死或撞死行人的事故，也包括火车在铁路道口撞死撞伤人的事故。

2. 交通事故等级划分

根据人身伤亡或者财产损失的程度和数额，交通事故分为轻微事故、一般事故、重大事故和特大事故。

（1）轻微事故。是指一次造成轻伤 1~2 人，或者财产损失机动车事故不足 1 000 元，非机动车事故不足 200 元的事故。

（2）一般事故。是指一次造成重伤 1~2 人，或者轻伤 3 人以上，或者财产损失不足 3 万元的事故。

（3）重大事故。是指一次造成死亡 1~2 人，或者重伤 3 人以上 10 人以下，或者财产损失 3 万元以上不足 6 万元的事故。

（4）特大事故。是指一次造成死亡 3 人以上，或者重伤 11 人以上，或者死亡 1 人，同时重伤 8 人以上，或者死亡 2 人，同时重伤 5 人以上，或者财产损失 6 万元以上的事故。

我们每一个人都应自觉遵守交通规则，认真学习交通安全知识，严格遵守《道路交通安全法》，文明行走，文明骑车，文明乘车。倡导交通文明，告别交通陋习，争做文明交通的宣传者、实践者和守护者，避免各类交通事故的发生，让我们的城市交通更安全、更有序、更文明。

第二节　交通安全与预防

随着人们生活水平的提高，拥有私家车的人越来越多，城市乡村、大街小巷车辆川流不息的景象随处可见，交通安全越来越受到人们的普遍重视。做好交通安全预防，是防止和减少交通事故的最有效手段，需要我们每个人的共同参与。

一、行人安全与预防

行人是道路交通中的弱者，出门在外，行走在大街小巷，只有严格遵守交通法规，遵守车辆、行人各行其道的规定，增强自我保护和现代交通意识，掌握行人交通安全特点，才能防止交通事故，保证自身安全。

1. 行人发生交通事故

行人发生交通事故，往往是缺乏交通安全意识和遵守交通安全的自觉性，不服从交通管理，不听道路和车辆信号指挥，存在随机应变或见机行事等侥幸心理和麻痹思想，危险往往就发生在一瞬间。因此，在日常生活中需要培养安全意识。

2. 行人出行安全预防措施

行人外出，遵守交通规则是预防交通安全事故发生的前提。

（1）行人应当在人行道内行走，没有人行道的靠路边行走。通过路口或者横过道路，应当走人行横道、过街设施或地下通道。

（2）为确保自身安全和取得横过道路的优先权，通过人行横道时，有信号灯控制的应当按照各种信号灯的指示（红绿灯、人行横道信号灯），绿灯亮时迅速通过；没有信号灯控制的，应看清来往车辆，直行通过，千万不要与车辆抢道。

（3）在没有斑马线的地方横过道路，应该先向左看，后向右看，确认安全后直行通过；横过多条车行道，或者车行道的车流量比较大时，可以“左右左”看、一条一条车道通过。

（4）行人不得跨越、倚坐道路隔离设施，不得扒车、强行拦车或者实施妨碍道路交通安全的其他行为。横过道路时，不要突然改变行走路线、猛跑或往后退，更不能在车辆临近时突然横穿。

（5）集体外出时，最好有组织、有秩序地列队行走；列队横过道路时，须从人行横道迅速通过；没有人行横道的，应直行通过不要斜穿。结伴外出时，行走时要专心，不要相互追逐、打闹、嬉戏，不要东张西望、边走边看书报或做其他事情。

（6）行人通过铁路道口时，应当按照交通信号或者管理人员的指挥通行；没有交通信号和管理人员的，应当在确认无火车驶临后，迅速通过。

（7）在雾天、雨天、雪天，最好穿着色彩鲜艳的衣服，以便于机动车司机尽早发现目标，提前采取安全措施。随着智能手机的普及，越来越多的人成了“低头族”，“低头族”已经成为道路交通安全的新隐患。人们在马路上低头看手机时，不注意周围人行车流的情况，发生交通事故的可能性很大。为了自身的安全，请自觉不做“低头族”。

3. 行人应履行的安全责任

行人因违反交通法规，一旦发生过失，造成自身或他人人身伤亡或者财产损失的交通事故，公安交通管理部门将根据行人的违章行为与交通事故之间的因果关系，以及该违章行为在交通事故中所起的作用，来认定行人应当承担的交通事故责任。行人除承担交通事故行政责任外，还应承担相应的刑事或民事责任。如造成死亡事故，负有主要责任或全部责任的，应当承担刑事责任和附带民事责任；如造成人员受伤或财产损失事故，负有交通事故责任的，应当承担相应民事赔偿责任。行人擅自进入高速公路，造成自身伤亡和财产损失的交通事故，正常行驶的机动车一方不负交通事故责任，由行人承担。

二、骑车安全与预防

自行车由于结构简单、一碰就倒、稳定性差，是交通工具中的弱者。骑车外出比起走路，不安全的因素增加，更需要注意骑车安全。

1. 骑车发生交通事故

通常骑行的非机动车包括自行车、三轮车、山地车、赛车、电动车等。骑车时应当自觉遵守道路交通管理法规，养成良好的骑车习惯，文明骑车。但在生活中，许多骑车人的安全意识还是相对欠缺的。比如，骑车时争强好胜，喜欢骑快车、超车；骑车时横冲直撞、争道抢行，与机动车抢道；在机动车道骑车或逆行，在路口闯红灯；转弯时不减速，既不观察也不打手势等，这些都成为交通事故发生的隐患。

2. 骑车出行安全预防措施

在道路上驾驶自行车、三轮车、电动自行车、残疾人机动轮椅车应当遵守下列规定：

（1）要经常检修车辆，保持车况完好。车闸、车铃、车灯是否灵敏、正常，尤其重要。

（2）要在非机动车道上靠右行驶，不要逆行；转弯时不抢行猛拐，要提前减速慢行，伸手示意，超越前车时不得妨碍被超越的车辆行驶。

（3）要严格遵守交通信号灯指示，通过人行横道要注意避让行人。

（4）骑车时不载过重的东西，尽量不骑车带人，不在骑车时戴耳机听歌或玩手机，不得双手离把或者手中持物。

（5）骑车时千万不要抓扶正在行驶的机动车，以免因车速过快、不稳而摔倒，或因机动车突然刹车而被撞伤。

3. 骑车人应履行的安全责任

骑车在道路上发生交通事故，未造成人员伤亡，当事人对事实及成因无争议的，可以即行撤离现场，恢复交通，自行协商处理损害赔偿事宜；不即行撤离现场的，应当迅速报告执勤的交通警察或者公安机关交通管理部门。骑车时与机动车发生事故后，骑车人应记下肇事车的车牌号，保护好现场，及时报警。如伤势较重，要记下肇事车的车牌号并报警，求助他人标明现场位置后，及时到医院治疗。骑车时与行人发生事故后，应及时了解伤者的伤势，保护好事故现场并报警。如伤者伤势较重，在征得伤者同意的情况下，应迅速求助他人将伤者及时送往医院救治。

三、乘车安全与预防

汽车、电车等机动车，是人们最常用的交通工具，为保证乘坐安全，应注意以下几点：

1. 乘坐公共汽（电）车，要排队候车，按先后顺序上车，不要拥挤。上下车均应等车停稳后，先下后上，不要争抢，不要乘坐超载车辆。

2. 不要把汽油、爆竹等易燃易爆危险品带入车内。

3. 乘车时不要把头、手、胳膊伸出车窗外，以免被对面来车或路边树木等刮伤；也不要向车窗外乱扔杂物，以免伤及他人。

4. 乘车时要坐稳，没有座位时，双脚自然分开，侧向站立，手应握紧扶手，以免车辆紧急刹车时摔倒受伤。

5. 乘坐小轿车、微型客车时，应系好安全带，不要乘坐无牌照及报废车辆，不要在机动车道上招呼出租车，更不要贪图便宜乘坐黑出租车。

四、校园交通安全与预防

不管是在校内还是校外周边，发生交通事故最主要的原因还是思想麻痹、安全意识淡薄。

1. 客观因素

（1）校园内的道路都比较狭窄、转弯多，交叉路口没有信号灯管制，也没有交通管理人员管理。

（2）校园内人口密集，上、下课时容易形成人流高峰，造成人车混行、人车争道。

（3）校园处于市区内，进出校园的大门多与市区内的主要交通干道相通，学生进出校园必须穿行马路，而校门一带往往缺乏必要的交通设施和有效的交通管理。

（4）行人和司机不遵守交通规则，表现为行人不按交通指令行走，横穿马路；机动车辆在校门附近不减速、不主动避让行人等。

2. 主观因素

（1）一些学生在走路时注意力不集中，喜欢边走路边听音乐或看手机，或者左顾右盼、心不在焉。

（2）校园内交通安全设施往往被人为忽略，电动车超速行驶、违章载人的安全隐患十分突出。

（3）机动车违规超速行驶，机动车与人共用同一车道等。

3. 安全注意事项

（1）要树立交通安全观念，时时提高警惕。

（2）熟悉校内路线地形，记住易出事故地段。

（3）走路要留神，见到各种车辆提前避让。

（4）骑车、驾车要慢速行驶，时速不得超过 15 公里。

（5）严禁非机动车在道路上曲线穿插、追逐嬉闹，非机动车必须在指定地点停放。

安全是一个永恒的话题，我们无时无刻都要把安全放在第一位。安全重于泰山，尤其对我们学生而言，没有安全一切都无从谈起。

第三节　交通事故应急处置

交通事故是近代社会发展的产物，是客观存在的社会现象。一旦遭遇交通安全事故，掌握交通事故自救的基本原则及应急处置办法就尤为重要。

一、交通事故自救的基本原则

一旦发生交通事故，应迅速进行自救或互救。根据情况拨打“122”“120”“110”等报警电话，打电话时应尽量保持冷静，告诉对方自己的位置和出现的险情。

1. 现场抢救应遵循的基本原则

（1）先人后物：先抢救人员，后抢救财物。

（2）先重后轻：先抢救重伤人员，后抢救轻伤人员。

（3）先他人后自己：尤其是驾驶员、乘务员等要积极组织抢救乘客，不能只顾自己。

2. 抢救的基本顺序

（1）现场呼救：利用附近的电话向公安、交通、医疗救护部门呼救，也可拦截过往车辆求救或就近向驻地单位紧急求援。

（2）现场抢救：遇有伤员，不要生拉硬拖，不要轻易开动车辆，应用现场工具实施救助，防止造成二次伤害。

（3）现场急救：伤员救出后，应对其进行必要的检查后，再转送医院。

二、交通事故的应急处置

1. 及时报案

无论在校外还是在校内，一旦发生交通事故，第一时间要及时报案，有利于事故的公正处理，千万不能与肇事者“私了”。若在校外发生交通事故，除及时报案外，还应该及时与学校取得联系，由学校出面处理有关事宜。

2. 保护现场

事故现场的勘查结论是划分事故责任的依据之一，如果现场没有保护好，会增加交通事故的处理困难，造成“有理说不清”的情况。

3. 控制肇事者

若肇事者想逃脱，一定要设法控制，自己不能控制可以发动周围的人帮忙控制，若实在无法控制，也要记住肇事车辆的车辆牌号等特征。

三、交通事故后的心理急救

由于交通事故都是在应急危险情况下发生的，除了采取医学急救措施外，心理学上的急救也很重要。心理学上的急救措施不仅可以增强受伤者的自信心，而且对今后的治疗、康复均有很大帮助。为此，心理学专家进行了长期大量分析研究，提出了交通事故心理学急救的 4 项措施。

1. 情绪稳定法

要使受伤者感受到他（她）不是独立无援的。为稳定受伤者波动的情绪，施救者应对惊恐的受伤者讲：“我会一直待在您这儿，直到救护车来。”这样可减轻受伤者的心理负担，使其保存绝处逢生的希望；也可以告知受伤者救护车已在途中，给予其心理安慰。

2. 减少刺激法

呵护好受伤者，不致被围观。围观者陌生好奇的眼光对受伤者的痛苦心理会产生不良刺激，周围的窃窃私语更会加重受伤者的惶恐心态。对围观者可以以保护现场为由，请其远离现场，并尽力保持环境的安静。

3. 爱抚接触法

寻找合适的体位，在触及受伤者时不致使其感到疼痛。救护者对受伤者身体无疼痛的轻微接触和爱抚，会使受伤者感到温暖和抚慰，使用轻握一只手、拍拍肩膀等友好爱抚动作，跪蹲或俯身于受伤者身边，尽力缩短与受伤者的视觉距离。如受伤者衣服过紧而不舒服，应小心翼翼予以放松；如衣服撕烂、身体裸露或天寒时，应盖上遮挡保暖物。

4. 耐心倾听法

如果受伤者想讲话，现场救护人员要耐心地倾听，并以亲切柔和的语调与其对话，即使对失去知觉者也应这样，绝对不要有斥责之声。还可以询问受伤者是否需要代为告之家人和亲朋，就此与受伤者进行沟通，千万不能显露出对受伤者伤势的担忧，以致使受伤者阴郁的心情雪上加霜。

以上措施可以让在交通事故悲剧中遇险的人们少一分痛苦，多一分温暖。

思考

1.《道路交通安全法》有哪些出行规定？作为学生应该怎样去做？

2. 试述交通事故的等级划分，如何有效预防交通事故的发生？

3. 根据交通事故应急处置原则和程序，如何实施自救或救助？

讨论

现在许多城市都在提倡“文明行车，礼让行人”，同学们在外出时一定会有自己的故事，大家一起分享一下吧！

实践

文明出行，安全你我他

小调查

1. 你平常使用最多的出行方式是（　　）。

A. 私家车　　B. 公共汽车　　C. 自行车　　D. 步行

2. 你为什么选择上述的出行方式？（　　）

A. 安全　　B. 方便快捷　　C. 价格便宜　　D. 舒适

3. 在乘坐公共汽车时，你认为应该注意哪些？（　　）

A. 车停稳后，按序而上　　B. 不把头部伸出窗外

C. 车未停稳，不急于下车

4. 你开车或者走路的时候玩手机吗？（　　）

A. 从不　　B. 偶尔　　C. 经常

5. 你走路或者开车时，会塞着耳机听歌出行吗？（　　）

A. 从不　　B. 偶尔　　C. 经常

6. 你会在乘坐交通工具时随意丢弃垃圾或者向窗外抛物吗？（　　）

A. 从不　　B. 偶尔　　C. 经常

7. 为了便宜，你经常打黑车吗？（　　）

A. 从不　　B. 偶尔　　C. 经常

8. 你会在骑自行车时，在马路旁的行人通道穿行吗？（　　）

A. 从不　　B. 偶尔　　C. 经常

9. 请自我评价一下自己的交通安全与防范意识：（　　）。

A. 很强　　B. 一般　　C. 很低

10. 你常遇到的行人的交通安全问题有哪些？（　　）

A. 横穿马路　　B. 翻越护栏

C. 不按交通指示灯　　D. 逆行

11. 在你身边，你觉得最容易发生的出行陋习是什么？（　　）

A. 不系安全带　　B. 不按规定使用灯光

C. 闯红灯　　D. 不走斑马线过马路

12. 在过马路时，应该注意什么？（　　）

A. 走斑马线

B. 趁着没车辆通行时快速通过

C. 绿灯时行走

D. 无车时，红灯也通过

E. 在黄灯时，趁着没变成红灯时快速通过

13. 你在什么时候会打黑车？（　　）

A. 打不到出租车或者搭不上公共汽车时

B. 黑车比较便宜时

C. 着急出行，又无别的车时

D. 无特定情况，怎么方便怎么来

E. 任何情况都不会

14. 你认为提高人们遵守交通规则的意识有哪些办法？（　　）

A. 加大宣传教育力度

B. 完善道路与交通管理设施

C. 加强管理与处罚

延伸阅读

珍爱生命，安全出行

自2012年起，我国将每年的12月2日设立为“全国交通安全日”。“全国交通安全日”渐渐成为与每个人都息息相关的日子。实行“全国交通安全日”已经过去了5年，我们每个人真的认识到交通安全的重要性了吗？

人人都知道交通安全重要，但很多人更多的只是停留在嘴上。所有的隐患、事故，未发生在自己身上时都只是一个百分比，一个数字而已。但是一旦自己遭遇上了，那就是100%。

你说：“就喝了一点，没事儿。”

你说：“就看一眼手机，没事儿。”

你说：“就比限速快一点，没事儿。”

你说：“不困，再开5公里就到家，没事儿。”

你说：“这个十字路口没摄像头，闯一个红灯，没事儿。”

……

这些发生在日常生活中的“没事儿”，恰恰反映出许多人对待交通安全的态度：如果交通事故与自己无关，似乎一切都会“没事儿”。一项关于“开车时你是否打手机”的调查显示，超过60%的网友在开车的时候打过电话。开车时接打电话发生交通事故的概率是正常驾驶状态下的23倍，多么触目惊心的数据！

生活是最残酷的编剧。

2015年12月8日，山东济南，一名正在执勤的交警被一辆红色宝马轿车撞飞，经抢救无效，不幸牺牲，年仅42岁。经调查，肇事的25岁女司机事发时正在打电话。

2016年春节期间在湖南衡阳发生一起交通事故：一群高中毕业后各奔东西的年轻人在聚会后，由一名同学酒后驾驶车辆送同学回家，途中与一辆大货车追尾，造成5死1伤。

2017年1月15日，江苏苏州发生了一起交通事故，三名初三学生手拉手过马路闯红灯被车撞到了空中，又重重地摔在了地上，因抢救无效死亡。

……

见过生死，才明白生命之可贵。人们常说水火无情，交通事故更是猛于虎，常常夺人性命。可是老虎再凶，也只能一口吃掉一个人，而交通事故则会一口吞噬几个甚至几十个人的生命。在这一连串触目惊心的数字背后，这一起起惨烈的事故背后，有多少家庭失去亲人，有多少欢乐变成悲剧，有多少幸福化为乌有。在每一起交通事故的背后，是一个个家庭的痛苦解体，是一个个孩子与父母的阴阳隔离。

是什么原因导致道路交通事故频频发生？据统计，在所有的交通事故中，除少数属意外原因造成，75%以上的事故是驾驶员或行人的人为因素造成的。引发事故的主要原因有无证驾车、超载、超速行驶、疲劳驾车、酒后驾车、强行超车、行人不守交通规则等。也就是说，关键还是人的问题。事实上，回首发生的重大车祸，几乎无一例外是“人祸”。综观这么多起交通事故，我们不难发现，造成交通事故频发的根本原因是肇事者对交通规则的漠视。不妨我们都来反省一下自己或身边人的交通行为，是否曾经有过不遵守交通规则的行为，是否曾因自己不安全的交通行为给自己或他人带来过一些伤害。为唤起人们关注交通事故正在夺去大量生命这一惨痛事实，希望更多的人都来关注交通安全，反思以往行路、驾车时的陋习，认真审视并改正不文明的交通习惯，把宝贵生命从无情的车祸中解救出来，我国从2004年开始把每年的4月30日定为“全国交通安全反思日”。当你看到一个个鲜活的生命消失于车轮之下，当你发现一阵阵欢声笑语淹没在尖锐的汽笛声中，当你面对那些触目惊心的惨烈场景时，能不感到痛心疾首吗?

平安是到家最短的距离。为了你我他的平安与和谐，应遵守交规、文明出行、警钟长鸣，自觉向交通陋习说不。

一、自觉抵制开车接打手机。交通祸患潜伏于大意之间，“机驾”是害人害己的违法行为。近年来，开车接打手机已成为道路交通事故的一大隐形杀手。据交管部门的调查统计：超过50%的机动车驾驶员有过开车时用手机的经历，时速一旦达到60公里，就极易在片刻之间酿成恶性交通事故。为了他人和自己的生命安全，请自觉改掉这种危险习惯。

二、自觉抵制超速行驶。“十次事故九次快”，这是人们从无数次特大交通事故中得出的结论。因此，要提醒身边机动车驾驶人，无论在任何情况下都不能超速行驶。

三、自觉抵制闯红灯。闯红灯严重违反了交通规则，严重影响了交通秩序，严重威胁到别人和自己的生命财产安全。争了几秒，毁了一生。

四、自觉抵制酒驾。研究表明，酒后驾车比正常反应时间慢12%，不仅危害自己的安全，对他人的安全也是极大的威胁。抵制酒驾不该成为交警的独角戏，应该让“喝酒不开车，开车不喝酒”的观念变成每个人的自觉行动。

五、自觉抵制占用应急车道。应急车道是抢险救援的生命通道。请呼吁身边人，抵制不文明交通行为，给生命让个道，共同营造文明、快捷、安全的交通环境。

美好的人生从安全开始，只有保证了健康和安全，才能创造美好的未来。相信只要大家培养文明交通意识，养成自觉遵守交通法规的良好习惯，始终把交通安全牢记在心，落实到行动中，我们完全可以远离交通事故。

愿，安全随行；让，生命无憾！

第四章　网络安全

【内容提要】

本章通过介绍网络安全的基本知识，以及如何预防网络成瘾、谨慎网络交友和警惕网络诈骗，引导学生做到正确使用网络，防范网络犯罪。

【学习目标】

1. 掌握网络安全基本知识。
2. 预防网络成瘾，谨慎网络交友，警惕网络诈骗，防止网络带来的伤害。
3. 学会正确使用网络，遵守网络公约，防范网络犯罪。

【关键词】

网络安全　网络成瘾　网络交友　网络诈骗　网络犯罪

互联网作为开放式的信息传播和交流工具已经走进了我们的生活。通过互联网，我们可以浏览最新的新闻，可以找到自己想要的学习资料，可以听音乐、看电影、读小说，可以购买自己心仪的商品，还可以与朋友聊天、分享自己的喜怒哀乐……。智能手机的高速发展让我们上网更加便利，轻点手指就可以“遨游世界”。但应该在什么时候上网、怎样安全上网，这些你关注过吗?

第一节　网络安全基本知识

中国互联网络信息中心发布了第40次《中国互联网络发展状况统计报告》（以下简称《报告》）。《报告》显示，截至2017年6月，我国网民规模达7.51亿，手机网民规模达7.24亿，网民中使用手机上网的比例持续提升。与10年前计算机必装的QQ软件一样，微信等即时通信应用也几乎“入驻”到每一个网民的手机中。我国网民使用手机上网的比例达到96.3%，微信朋友圈、QQ空间、微博使用率在社交应用中排名前三。与此同时，网络侵权、数据窃取、个人信息外泄、病毒黑客侵扰等一系列事件却时有发生，小到危害了个人的经济利益，大到危害了国家安全。维护网络安全、规范网络秩序、净化网络信息，已成为广大网民的共同愿望。

一、网络安全

1. 网络安全的概念

网络安全是指网络系统的硬件、软件及其系统中的数据受到保护，不受偶然的或者恶意的原因而遭到破坏、更改、泄露，系统连续可靠正常地运行，网络服务不中断。从广义来说，凡是涉及网络上信息的保密性、完整性、可用性、真实性和可控性的相关内容都是网络安全的范畴。网络安全从其本质上来讲就是网络上的信息安全。比如，从用户（个人、企业等）的角度来说，涉及个人隐私或商业利益的信息在网络上传输时应该受到机密性、完整性和真实性的保护。

2. 网络安全的内容

来自网络的安全威胁是实际存在的，特别是在网络上运行关键业务时，网络安全是首先要解决的问题。

（1）计算机安全。使用计算机时需注意的安全问题主要包括：

1）密码安全。无论是申请邮箱还是玩网络游戏，都少不了要注册个人信息，填写登录密码。大多数人都会用一些简单好记的数字或字母，甚至邮箱、QQ 和网络游戏的密码都设成一样，或者密码内容涉及自己的名字、生日、电话。但这样一来账户安全性就会大大降低，很容易被别有用心的人破解。

2）警惕木马程序。木马程序，即恶意攻击者使用控制器程序进入用户计算机，通过指挥服务器程序达到控制用户计算机的目的。木马程序的传播途径主要有：①邮件传播。木马程序常常通过邮箱附件传播。一般陌生人发来的带有附件的邮件，最好不要下载运行，尤其是后缀为“. exe”的。②QQ 传播。利用 QQ 的文件传输功能，也有很多木马通过 QQ 传播。③下载传播。在一些网站下载软件时，有可能会下载到绑有木马程序的恶意软件。要下载软件最好去比较知名的官方网站。

3）防范黑客攻击。黑客攻击的手段可分为非破坏性攻击和破坏性攻击两类。非破坏性攻击一般是为了扰乱系统的运行，并不盗窃系统资料，通常采用拒绝服务攻击或信息炸弹；破坏性攻击是以侵入他人计算机系统、盗窃系统保密信息、破坏目标系统的数据为目的。

（2）上网安全。当今社会，不同年龄和不同生活环境的人们，几乎都会随时随地接触到网络。网络给我们的生活、学习和工作都带来了极大的便利，在网上学习、网上办公、网上购物购票，以及网上订酒店等，已经成为每个人的生活常态。上网安全也就变得愈加重要起来。

1）注意鉴别网络虚假有害信息。上网时要注意辨别信息的来源和可靠度，要通过官方网站获取信息；对未经证实的信息内容要做到不造谣、不信谣、不传谣；对宣传“发财致富”、传授“新技术”等的信息，应理性辨别，小心受骗上当。

2）安全使用电子邮件。上网时，不随意点击不明邮件中的链接、图片和文件；使用电子邮件地址作为网站注册的用户名时，应设置与邮箱密码不相同的网站密码，并适当设置“找回密码”的提示问题；当收到与个人信息和金钱相关的（中奖、集资等）邮件时，要特别警惕其中的陷阱。

3）避免账号被盗。账户和密码尽量不要相同，尽量增加密码的级别，不使用生日、手机号码、证件号码等有关个人信息的数字作为密码；密码尽量由字母和数字混合组成；不同的网络应用应设置不同的用户名和密码；涉及网络交易时，应注意通过电话与交易对象本人确认。

（3）移动终端安全。现在，智能手机已经成为人们生活中必不可少的工具。如何安全使用无线网络（Wi-Fi）和智能手机，成为个人安全的内容。

1）请勿见到免费 Wi-Fi 就用，要警惕公共场所免费的无线网络为不法分子设置的钓鱼陷阱；

2）关闭手机和平板电脑等设备的无线网络自动连接功能，在公共场所尽量不要进行与资金有关的银行转账与支付；

3）仅在需要时开启无线路由器，无人使用时，关闭无线路由器电源或将家中无线路由器的密码设置得复杂一点；

4）给自己的智能手机设置锁屏密码，并将手机随身携带；

5）在 QQ、微信等应用程序中，关闭地理定位功能，并仅在需要时开启蓝牙；

6）到权威网站下载手机应用软件，并在安装时谨慎选择相关权限，仔细阅读授权内容，防止将木马程序带到手机中；

7）当发现手机无信号或信号极弱时仍能收到推销、中奖、银行等相关短信，则手机用户所在区域可能被“伪基站”所覆盖，应保持清醒，不要轻信意外之财；

8）不要轻信任何号码发来的涉及银行转账及个人财产的短信，不向任何陌生账号转账；

9）安装手机安全防护软件，以便对收到的垃圾短信进行精准拦截。

（4）个人信息安全。个人信息是指与特定自然人相关，能够单独或通过其他信息结合，识别该特定自然人的数据。一般包括姓名、职业、职务、年龄、学历、工作经历、婚姻状况、家庭住址、手机号码、身份证号码、信用卡号码、电子邮件，以及网上登录账号及密码等。个人信息可分为个人一般信息和个人敏感信息，前者为正常公开的普通信息，如姓名、性别、年龄、爱好等；后者会对个人信息主体造成不良影响，甚至安全威胁，如身份证号码、手机号码、政治观点、宗教信仰、指纹等。

1）个人信息泄露的途径及后果。目前，个人信息泄露主要有以下途径：①不法分子通过旅馆住宿、保险投保、银行办证、通信公司、房地产公司、邮政快递等需要实名登记的部门、场所，非法获取个人信息；②不法分子借问卷调查、抽奖活动之名，获取被调查者个人信息；③个别打印、复印店利用打字复印之便，将个人信息资料存档留底，对外出售。

不法分子在获得他人个人信息后，会利用个人信息从事诈骗、敲诈、勒索等违法犯罪活动。

2）避免个人信息泄露的措施。①尽量不要在公用互联网设备上保存或处理个人敏感信息；②不用的光盘、U 盘、计算机等要妥善保存或销毁；③邮件寄送时，选择可信赖的邮政快递公司。

二、网络安全相关法律知识

1. 《互联网用户账号名称管理规定》

2015 年 2 月，国家互联网信息办公室发布《互联网用户账号名称管理规定》，明确要求任何机构或个人注册和使用的互联网用户账号名称不得有下列情形：

（1）违反宪法或法律法规规定的；

（2）危害国家安全，泄露国家秘密，颠覆国家政权，破坏国家统一的；

（3）损害国家荣誉和利益的，损害公共利益的；

（4）煽动民族仇恨、民族歧视，破坏民族团结的；

（5）破坏国家宗教政策，宣扬邪教和封建迷信的；

（6）散布谣言，扰乱社会秩序，破坏社会稳定的；

（7）散布淫秽、色情、赌博、暴力、凶杀、恐怖或者教唆犯罪的；

（8）侮辱或者诽谤他人，侵害他人合法权益的；

（9）含有法律、行政法规禁止的其他内容的。

2. 《计算机信息网络国际联网安全保护管理办法》

《计算机信息网络国际联网安全保护管理办法》规定，任何单位和个人不得从事下列危害计算机信息网络安全的活动：

（1）未经允许，进入计算机信息网络或者使用计算机信息网络资源的；

（2）未经允许，对计算机信息网络功能进行删除、修改或者增加的；

（3）未经允许，对计算机信息网络中存储、处理或者传输的数据和应用程序进行删除、修改或者增加的；

（4）故意制作、传播计算机病毒等破坏性程序的；

（5）其他危害计算机信息网络安全的。

第二节 网络安全与预防

随着网络交友、网络聊天、网络购物等活动的逐渐普及，网络活动的安全问题也逐渐凸显出来，并被人们所热切关注。网络在带给我们许多便利的同时，也带来了许多负面的影响，如网络成瘾、网络交友陷阱、网络诈骗等现象，甚至出现人身伤亡、违法犯罪等恶性事件。

一、预防网络成瘾

每个人都应该有能力约束自己的行为，但上网成瘾者往往管不住自己。很多喜欢上网的学生，都是从学习不好开始的。学习不好，在学校里会挨老师的批评，在家中父母也会责怪。当经过努力学习成绩也上不去的时候就感受到压力，就想找个地方去逃避，网络就成为逃避现实的“世外桃源”。而一回到现实世界，爸妈的批评、老师的反对等现实压力并没有因依赖上网而减轻。网络成瘾是一种表象，实际上背后是人的心理问题。

1. 网络成瘾的表现

网络成瘾，也称为网络过度使用或病态性网络使用，指由于过度使用网络而导致的明显的心理障碍，也称网络综合征，主要表现有：

（1）自控能力下降。过度使用网络，沉溺于网络游戏、网络交友，以及受到网络中不健康内容的诱惑，很容易使人对网络产生强烈的依赖心理，从而对自己的生活和学习失去兴趣，导致自控能力下降，荒废学业。同时，长时间使用计算机，身体受到辐射，会损害人体机能，导致身体素质变差。医学专家认为，网络成瘾很可能导致“超限抑制”现象，使人对计算机以外的事物的“兴奋灶”减少，对周围事物淡漠甚至麻木，导致植物神经紊乱。同时，近距离的光线刺激和电磁辐射伤害眼球，极其容易患上眼科疾病甚至青光眼，也容易使人过早出现白内障。

（2）形成虚拟性格。网络性格最大的特征是孤独、恐惧、冷漠和非社会化。痴迷于网络的虚拟世界，没有脱离现实的社会交往活动，与家人沟通减少，性格容易变得越来越孤僻，表情淡漠，脾气变得暴躁，易被激怒，易与人发生冲突或毁坏物品，严重的丧失行为控制能力。

（3）人际关系紧张。在网络虚拟世界里，每个人都用虚拟的身份交流，可以大胆地表达自己的真实想法或无所顾忌地说自己想要说的话，如果终日沉迷于这种“人机对话”模式，会变得更加内向和闭锁，大大减少了日常社会交往的活动时间，疏远了现实生活中的人际交往，无法体验现实生活中的情感交流带来的愉悦，尤其是性格内向的人，还可能患上网络社交障碍症，成为“孤独的网上人”。

（4）价值观念模糊。网络的开放性使得一些低俗的意识形态和不良的价值观念渗透其中，如果盲目浏览大量的网络信息而不能有效地取舍，就会受其影响，人生观、价值观产生倾斜，以致做出一些错误的事情，甚至走上犯罪的道路。

2. 网络成瘾的预防

对于网络成瘾，关键在于预防。

（1）合理控制上网时间。据有关数据显示，非网络沉溺学生平均每日上网时间大都控制在 1 小时以内，周末上网时间大多在 3 小时以内。作为一名学生，能否合理控制自己的上网时间，是衡量是否健康上网的重要标准。

（2）自觉控制上网目的和网上活动。据有关数据统计表明，网络沉溺学生选择上网玩游戏的比例远远高于非沉溺学生，而且上网目的和网上活动十分单一。因此，要避免网络沉溺，可以制订一个详细可行的计划，让自己的生活变得有条理，让自己的网上活动多样化、浏览内容健康化，每天对照计划检查该做的事情做了没有，如果实在坚持不了，不妨做做书摘或记记日记，这样逐渐培养出自制力，摆脱对网络的依赖，用理智控制自己的上网冲动。同时，学会让别人帮助自己、提醒自己和监督自己。

（3）选择在家里上网，避免在网吧上网。自制力差的同学，可以选择在家中上网，主动让父母对自己进行适度提醒或监管，先限定上网时间，每天上网时间累计不应超过 3 小时，且在连续操作 1 小时后应休息 15 分钟，注意劳逸结合，准时下网或关机。

（4）以顽强的毅力克服对网络产生的依赖。许多沉溺网络的学生，大多在学习生活中遭遇挫折而选择逃避现实，往往把精力倾注于网络中寻求成就感或满足感，不自觉地把自己变成了网络的奴隶。要改变对网络的依赖，就必须下定决心，以顽强的毅力克服这种依赖心理，坚决从网络里走出来。不要把上网作为逃避现实生活问题或消极情绪的工具，而应将网络作为自己学习、生活和工作服务的工具，以获得现实生活的成就感，用以取代虚拟中的成就感。

（5）文明上网，自觉遵守网络公德。牢记学生身份，自觉抵制网络游戏诱惑，自觉遵守网络公德，分清善恶是非美丑，主动摄取健康有益的信息和资料，文明上网，做有正义感、责任感、上进心的网民。

二、谨慎网络交友

通过聊天工具、社交网站不慎结交网友被骗，甚至遇害的案例在国内外时有发生。面对网络的大千世界，多一分防范，就多一分安全。

1. 网络交友陷阱的预防

交友是人们普遍的心理需要，多交朋友无可厚非，但有的人却笃信多个朋友多条路、四海之内皆朋友、为朋友两肋插刀等信条，在交友过程中缺少必要的常识和足够的警惕，或盲目自信，失去原则，或轻信他人，滥交朋友，结果事与愿违，自酿苦果。

（1）不要轻信网友。“网恋”虽是个时髦的名词，但处在其中不能自拔的人可能没有认真思考过“网恋”的危害之处。网络世界存在着虚拟性和险恶性，对“网恋”应多一分清醒，少一分沉醉，时刻保持高度警惕，不要在个人资料和通信过程中泄漏任何真实的私人信息。需要注意保护的信息有：真实姓名、住宅电话、手机号码、家庭住址，或者可以让他人直接找到你的任何信息。对主动提供 QQ 号码或邮件地址的人更要有自我保护意识，应慎重对待，并做出理性选择。

（2）把握交往分寸。很多人喜欢和网友聊天是因为网上可以想说什么就说什么，完全不用顾忌，平时不敢说的话都可以在网上畅所欲言，这是非常不好的。与网友谈及敏感话题，容易引起不怀好意的网友的非分之想，导致引祸上身。不要随意约见网友，不做有悖于道德和为人准则的事情，警惕上当受骗。

2. 网络交友陷阱的危机应对

上网聊聊天，说说心里话，交流交流感情无可厚非，但如果无自我保护意识，轻易与网友见面，极易引发侵害人身财产案件，从而惹祸上身。如果在网上聊天时被别人纠缠不清，一定要及时选择离开；如果遇到不能处理或者不能脱身的情况，可以将对方拉入黑名单或删除，或直接报警求助。

网络陷阱

三、警惕网络诈骗

1. 常见网络诈骗形式

网络诈骗是指以非法占有为目的，利用互联网采用虚构事实或者隐瞒真相的方法，骗取数额较大的公私财物的行为。常见的网络诈骗形式有：

（1）盗用QQ账号，伪装身份，冒充好友或亲戚诈骗；

（2）利用网络购物进行诈骗，收取订金骗钱；

（3）利用网上中奖进行诈骗；

（4）利用“网络钓鱼”进行诈骗，即利用欺骗性的电子邮件和伪造的互联网站进行诈骗活动，获得受骗者个人账户信息进而窃取资金；

（5）利用网络代订机票、火车票进行诈骗；

（6）在互联网发布虚假招聘信息，针对在校生兼职及毕业就业的诈骗等。

2. 网络诈骗的预防

（1）仔细甄别，严加防范，不贪便宜。

（2）使用可靠的支付工具，不要轻信以各种名义要求先付款的信息，不要轻易把自己的银行卡借给他人。

（3）提高自我保护意识，注意妥善保管自己的私人信息，不向他人透露本人证件号码、账号、密码等，尽量避免在网吧等公共场所登录个人账户。

（4）网上交易时，注意核实网址，安全登录，不要随意点击未经核实的陌生链接。

（5）在登录网上账号时不选择“记住密码”选项；登录网上银行交易系统时，尽量使用软键盘输入交易账号及密码，并使用该银行提供的数字证书增强安全性，核对交易信息。

第三节　正确使用网络，防范网络犯罪

随着国家“互联网+”战略不断推进，互联网已经快速渗透到各领域各环节，网络信息安全已经上升到国家安全的战略高度。网络是一把双刃剑，在带给人们生活便利的同时，也成为滋生网络犯罪的温床。正确使用网络，防止网络犯罪，是我们共同面对的时代课题。

一、网络犯罪

1. 网络犯罪的概念

简单地说，网络犯罪是针对和利用网络实施的犯罪行为。比较常见的网络犯罪包括偷窃、篡改计算机数据或信息，散布破坏性病毒，传播网络色情，网络侮辱，网络诽谤与恐吓，以及网络诈骗教唆等。

2. 网络犯罪的类型

近年来，利用网络实施的各类违法犯罪活动日渐增多，对信息安全构成巨大威胁，需要我们提高警惕，自觉加以防范。利用计算机信息与网络进行犯罪活动主要有以下四种类型：

（1）政治性犯罪。是利用网络系统进行危害国家、社会安全等具有政治性质方面的犯罪。①利用互联网发布、传播煽动颠覆国家政权、煽动国家分裂、破坏国家统一的信息；②利用互联网盗取国家秘密、情报或者军事秘密；③利用互联网煽动民族仇恨、民族歧视，破坏民族团结。

（2）侵财性犯罪。是利用网络系统进行侵犯公共财产的犯罪活动。①利用互联网进行诈骗、盗窃；②利用互联网编造并传播影响证券和期货交易的虚假信息；③利用互联网销售伪劣产品或者对商品、服务做虚假宣传。

（3）侵权性犯罪。是利用网络系统进行侵犯他人名誉权、姓名权、知识产权等方面的犯罪。①利用互联网侮辱他人或者捏造事实诽谤他人；②利用互联网侵犯他人的知识产权；③利用互联网非法截获、篡改、删除他人电子邮件或者其他数据资料，侵犯公民通信自由和通信秘密；④利用互联网损害他人商业信誉和商品声誉。

（4）攻击性犯罪。是针对计算机信息与网络系统所实施的制作并传播病毒、非法侵入、黑客攻击等犯罪。①违反国家规定，侵入国家事务、国防建设、尖端科学技术领域的计算机信息与网络系统；②利用互联网制作、传播计算机病毒，设置破坏程序，攻击计算机信息系统和网络系统，致使信息与网络系统遭受损害；③采取非法手段，擅自中断计算机信息与网络系统，造成信息与网络系统不能正常运行。

二、正确使用网络，自觉维护信息安全

1. 正确使用网络

《全国青少年网络文明公约》

要善于网上学习，不浏览不良信息；
要诚实友好交流，不侮辱欺诈他人；
要增强自护意识，不随意约会网友；
要维护网络安全，不破坏网络秩序；
要有益身心健康，不沉溺虚拟时空。

《全国青少年网络文明公约》明确提出了青少年网络行为道德规范，为青少年正确使用网络指明了方向。

（1）遵守公约，争做网络道德的模范。要自觉增强网络道德意识，分清网上善恶美丑的界限，懂得对与错、是与非的甄别，追求美好网络生活，形成良好的网络道德行为规范。

（2）遵守公约，争做网络文明的使者。要认识网络文明的内涵，懂得崇尚科学、追求真知的道理，增强网络文明意识，使用网络文明语言，在网络世界里倡导文明新风，营造健康的网络道德环境。

（3）遵守公约，争做网络安全的卫士。主动了解网络安全的重要性，合理合法地使用网络资源，增强网络安全意识，监督和防范安全隐患，维护正常的网络运行秩序，促进网络安全健康发展。

2. 自觉维护信息安全

（1）牢固树立网络信息安全意识。如今大多数的网络服务都是免费的，我们在尽情享受网络带来的福利时，也不能忽视网络带来的安全信息隐患，要充分认识到网络信息安全的重要性，以实际行动维护网络信息安全。

（2）积极维护国家网络信息安全。以良好的心态、良好的形象、良好的行动自觉参与到“国家网络安全宣传周”活动中，更好地了解、感知身边的网络信息安全风险，提高网络信息安全防护技能，与国家一道、与社会一道、与他人一道将维护网络信息安全进行到底。

（3）自觉抵制不良有害信息。从思想上、行动上坚决抵制不良有害信息，看到违法和有害信息可以向中国互联网违法和不良信息举报中心举报。

三、树立安全意识，防范网络犯罪

1. 自觉遵守国家法律法规，防范网络犯罪行为

根据《中华人民共和国计算机信息系统安全保护条例》有关规定，任何组织或者个人，不得利用计算机信息系统从事危害国家利益、集体利益和公民合法利益的活动，不得危害计算机信息系统的安全；不得利用计算机国际联网从事危害国家安全、泄露国家秘密等犯罪活动；不得利用计算机国际联网查阅、复制、制造和传播危害国家安全、妨碍社会治安和淫秽色情等信息。

2. 严格规范上网行为，避免不良诱惑误导

使用网络是为了解决学习、生活中相关问题的，而不是成天依赖网络醉心于八卦娱乐。经调查，大约有15%的人上网是为了学习，60%的人上网是为了聊天，25%的人上网是为了玩游戏。85%的人上网与学习毫无关系，很容易受到网上不健康内容的侵害。增强自己的辨别能力，通过学习让自己成熟起来，不被网络的不良信息所浸染，自觉抵制不良诱惑，要把网络当成学习的工具，在最大限度上消除不良网络文化所造成的负面影响，享

受健康快乐的学习生活。

3. 谨慎发布网络信息，防止网络传播犯罪

《中华人民共和国刑法》第二百九十一条规定：“编造虚假的险情、疫情、灾情、警情，在信息网络或者其他媒体上传播，或者明知是上述虚假信息，故意在信息网络或者其他媒体上传播，严重扰乱社会秩序的，处 3 年以下有期徒刑、拘役或者管制；造成严重后果的，处 3 年以上 7 年以下有期徒刑。”转载发布信息本没有错，但一定要记住，在网络上发布信息时一定要慎重，没有经过确认或非官方公布的信息一定不能发或转发。

4. 不要存在侥幸心理，从事违法犯罪活动

法网恢恢，疏而不漏。千万不要以为自己可以匿名、隐身而在网络上肆无忌惮，甚至触犯相关法律。

网络在我们面前展示了一幅全新的生活画面，美好的网络生活也需要我们用自己的美德和文明行为共同创造。让我们从我做起，从现在做起，自尊、自律，文明上网，争做新时代好网民。

思考

1. 网络安全涉及哪些内容？谈谈现实生活中的网络危害。
2. 正确使用网络，应遵守哪些公约？
3. 预防网络犯罪应从哪些方面做起？

讨论

某中学对 150 名学生手机购买用途进行了调查统计：

购买用途	发短信聊天	玩游戏听歌	攀比	便于和父母联系	问同学作业
比例	39%	38%	20%	2%	1%

请针对以上调查结果进行开放性讨论。

实践

正确使用网络，预防网络成瘾

小调查

1. 你平时上网的方式是？（　　）

A. 手机　　B. 计算机

2. 你经常上网的地点是哪儿？(　　)

A. 家里　　B. 学校　　C. 网吧　　D. 同学或朋友家里

3. 你平均每周上网次数是多少？(　　)

A. 1~5 次　　B. 6~10 次　　C. 11~15 次　　D. 16~20 次

4. 你平均每次上网时间有多长？(　　)

A. 少于 60 分钟　　B. 1~3 小时　　C. 3~5 小时　　D. 5 小时以上

5. 你现在上网的主要原因是什么？(　　)

A. 好奇　　B. 学习　　C. 结交朋友　　D. 孤独无聊

E. 逃避现实或自我释放　　F. 身边的人都上网

6. 你认为最吸引你去上网的原因是？(可多选)(　　)

A. 娱乐性强　　B. 非常便利　　C. 刺激有趣　　D. 信息丰富

E. 可以随心所欲　　F. 远离现实中的烦恼

7. 你平时上网主要做什么？(可多选)(　　)

A. 玩游戏　　B. 观看动漫、电影，下载音乐等

C. 聊天或交友　　D. 通信联系　　E. 其他（请补充）

8. 你会把你上网的情况告诉家人吗？(　　)

A. 经常会　　B. 偶尔会　　C. 从不

9. 你玩手机时，家人的态度如何？(　　)

A. 支持　　B. 不支持　　C. 几乎不管

10. 你的上网活动是否对自己造成了下列影响？(可多选)(　　)

A. 学习成绩下降　　B. 与家人关系变得紧张

C. 身体健康受到影响　　D. 减少了与身边朋友的交往

E. 没有什么影响

11. 你能控制自己的上网时间吗？(　　)

A. 能很好自我控制　　B. 在家人帮助下能控制

C. 不能自我控制　　D. 在家人帮助下还不能控制

12. 你是否浏览过色情、暴力游戏等网站？(　　)

A. 很多　　B. 较多　　C. 很少　　D. 没有

13. 你觉得学生是否可以在校园内使用手机？(　　)

A. 不可以　　B. 可以，但应限制

C. 可以随便使用　　D. 应全面禁止

14. 你接受过学校或社区关于上网方面的心理辅导或其他辅导吗？(　　)

A. 经常　　B. 较少　　C. 很少　　D. 没有

延伸阅读

谨慎网上交友，谨防网络沉溺

有位刚满十八岁的女孩小慧，家庭条件不错，父母对她宠爱有加，有一次，因为她想买条裤子没有如愿，就与母亲争吵起来，并一气之下离家出走。因为从小没离开过父母，所以一离开家她就后悔了，她实在没地方可去。就在这时，一个她通过网上聊天认识不到两个月的男孩姚某出现在她面前。姚对她说：可以做她的朋友，并愿意一起到外面打工。单纯的小慧在突然来临的“爱”面前昏了头，竟真的跟姚某离开了家。一开始，他们两个也真想找份工作，但都因为工作太苦太累干不了而放弃。过了一段时间，他们身上的钱花光了，小慧卖掉了自己身上戴的项链，但很快又所剩无几。就这样，两人四处碰壁，白天在外面找工作，晚上不是住在小旅馆，就是在网吧玩通宵。无聊的流离生活使得小慧开始想家了。一天，小慧因为想回家与姚某吵了架，但姚某不让她回家。由于生活实在困难，小慧想到了向父母求助。快一个月没有女儿消息的父母，心急如焚地马上给小慧汇了款，同时要求小慧马上买车票回家。可小慧的妈妈汇来的750元很快又被姚某花掉了，小慧没敢把这事告诉父母，就偷偷让姐姐汇款过来，但是汇款同样又被姚某花光。小慧气急了，再也不想过这样的日子了，终于鼓足勇气打电话告诉了她的妈妈。妈妈再次给她汇款，嘱咐她抓紧买车票回家。姚某提出要送她一下，于是两个人上了汽车。让小慧没想到的是，这个曾给她“爱”的朋友，竟在中转换车时再次逼她让她妈妈汇款，否则就让她去做小姐。之后小慧被连哄带骗带到一家“美容院”，姚某从老板那里拿到200元钱后，就不见了踪影。小慧这时悔恨交加，后悔自己看错了人，后悔自己耍小脾气，给妈妈使性子，与父母闹翻。无奈之中，她想到了逃离，就趁老板不注意跑了出来，并找到派出所寻求帮助。当民警问及有关她男友姚某的情况时，竟然一问三不知：不知他是哪里人、不知道他的联系方式、不知道他的住处。事实上，她连姚某是否真的叫姚什么都不清楚，因为每次旅馆登记，都是用她的身份证件。

像小慧这种凭着自己的性子，说走就走，闯进陌生环境的人并不在少数。由于自身缺乏经验，把所谓的一时好感等同于“爱情”，把眼前的一点小恩小惠轻易地当成了“爱”，对社会的复杂性和险恶性没有防范和抵抗力，凭的只是一些幼稚的想法和美好的幻想，很容易上当受骗。其实，一个人出门在外，如何避免受骗和避免不必要的伤害，最简单的就是多与家人沟通。记住：父母永远是我们无助时最有力的依靠和抵御风浪的坚强后盾。

成绩中上等的玲玲在初三时迷上了网络，妈妈找了一夜才把她从网吧里找回家。一到家，妈妈抓起扫帚就打，可是玲玲一声不吭，一副不以为然的态度，怎么打也打消不了她去网吧的念头。后来，玲玲索性破罐子破摔，成绩一落千丈。再后来，因为逃学旷课，玲玲被学校开除。更为严重的是，玲玲的逆反心理越来越强，与母亲敌对，一言不发。打，无济于事，妈妈就苦口婆心地劝说，可她根本不理。后来，妈妈就不断给女儿写信：宝贝女儿，妈妈爱你，妈妈只想告诉你，家永远是你的港湾，希望你勇敢地走出网吧。随着信的增多，玲玲开始有了变化：开始跟家人一起吃饭，主动帮妈妈做点家务，见到网吧开始躲着走。更让人高兴的是，在妈妈写到第 99 封信的时候，女儿主动提出要回学校上学。可是原来的学校拒绝接收，妈妈当着女儿的面给校长下跪也没打动校长。妈妈不死心，又联系上了一所偏远的中学，校长说：我不看孩子的昨天，只看孩子的今天和明天，孩子我们收下了。结果，玲玲的成绩赶了上来，奋战 100 天考上了县重点，再后来如愿考上了大学。玲玲说，自己这些年亏欠妈妈的太多了，是妈妈的 99 封信让她如愿考上了大学。

四年前，在某市机关工委开展的温暖网瘾少年的活动中，一位名叫王江的学生在被感化后动情地说：以前我也是一名品学兼优的学生，因沉迷网络，逃学、仇视父母，甚至离家出走，现在社会上这么多好心人帮助我，使我重新找回了生活，深感对不起自己的父母，深深感谢机关工委对我的热心相助。对于网络成瘾者，完全是自我约束力不够所致，其主要因素就是意志力差。应对网瘾的办法：订立契约，能上能下；周末释放，延迟满足；替代满足，培养其他兴趣；专业指导，绝地反击。

我们要从以上案例中反省自身存在的某些不好的行为习惯，加强自我约束，时刻对自己的行为负责，面对各种网络诱惑坚决不触及底线。只有这样才能保护好自己，有利于家庭和父母，有利于社会和国家。

第五章　生产与实习实践安全

【内容提要】

本章主要介绍安全生产基本知识，明确教学实验实习和社会实践活动安全与预防措施，实现安全生产。

【学习目标】

1. 掌握安全生产基本知识，明确安全生产的重要性。

2. 掌握教学实验实习和社会实践活动安全与预防的相关措施，保障安全生产。

【关键词】

安全生产　实验实习　社会实践

安全，是我们所有工作的前提，也是我们所有工作的基础。在我们日常的安全生产、实验实习和社会实践等活动中，安全更是重中之重。

第一节　安全生产基本知识

一、安全生产

1. 安全生产的重要性

1980 年 6 月，全国首次开展“安全月”活动，同时从当年开始，每年 5 月为“安全生产月”，在全国开展安全活动，组织安全检查，进行全民性的安全宣传教育。2002 年，“安全生产月”改为每年 6 月，同年，《中华人民共和国安全生产法》公布施行，后经 2009 年、2014 年两次修正。自 2014 年起，每年 6 月 16 日固定为全国安全生产宣传咨询日。安全生产宣传咨询日活动是“安全生产月”的一项重要内容，对于深入宣传贯彻党中央、国务院关于安全生产的方针政策和法律法规，强化安全发展理念，推动安全生产责任落实，提高从业人员安全意识，大力营造“关爱生命、关注安全”的社会氛围，推动安全生产重点工作落实发挥了积极的作用，在思想保证、精神动力和舆论支持方面为全国安全生产形势的持续稳定好转提供了重要支撑。

安全发展，国泰民安，我们要月月都安全、天天都安全、时时刻刻都安全。“高高兴兴上班去，平平安安回家来”是多少家庭对亲人的关切。所以，“安全生产月”应是我们日常安全生产的一个缩影。只有这样，安全生产理念才能进入每个人的心中，安全生产活动才能融入每个人的日常生活和工作中。

（1）安全生产是生产的基础，一切生产活动都应当以它为前提条件。在生产活动中，必须经历三个阶段，即生产前的准备、生产过程中的安全操作和生产活动结束。安全生产应贯穿整个生产活动的始终。

（2）安全生产是生产过程中必须遵守的劳动规程。在所有企业中，每一个劳动者都要自觉遵守安全操作规程，并在上岗前进行必要的培训。只有熟悉安全操作规程，才能真正做到安全生产。有些劳动者没有自觉地遵守安全操作规程，无视安全行为规范，无视安全隐患的存在，无视自己和他人的生命安全，思想麻痹大意，往往会造成非常严重的后果。

（3）安全生产是劳动者在生产劳动中的安全保障。安全生产的核心内容是改善劳动条件，保护劳动者在生产过程中的安全和健康。安全生产是每一个劳动者的守护天使，在任何时候都要遵守“安全第一、预防为主、综合治理”的工作方针。

2. 安全生产常识

安全生产必须遵循以下原则：管生产必须管安全的原则；安全具有否决权原则；“三同时”原则，即生产经营单位新建、改建、扩建工程项目的安全设施必须与主体工程同时设计、同时施工、同时投入生产和使用；“四不放过”原则，即事故原因未查清不放过，责任人员未处理不放过，责任人和群众未受教育不放过，整改措施未落实不放过。

（1）上岗前的注意事项。无论从事什么工种，上岗前一定要清楚工作中的注意事项，检查自己操作范围有无安全问题？有无打滑、摔倒的危险？使用的工具、用具有无损坏？使用的材料、机械有无异常？下一步的生产作业中存在什么危险？如何才能避免这种危险？

（2）常见安全事故原因。触电事故、机械伤害事故是生产中常见的安全事故，导致触电事故、机械伤害事故的主要原因如下：

1）触电事故的主要原因。①电气线路、设备安装不符合安全要求；非电工任意处理电气事务。②操作漏电的机器设备或使用漏电的电动工具，如手持电动工具电源线破损或松动，湿手操作机器开关、按钮，进行电焊作业时穿背心、短裤，不穿绝缘鞋等。③移动长、高金属物体碰触电源线、配电柜及其他带电体；配电设备、架空线路、电缆、开关、配电箱等电气设备在长期使用中受高温、高湿、粉尘、碾压、摩擦、腐蚀等，使电气绝缘损坏，接地或接零不良而导致漏电等。

2）机械伤害事故的主要原因。①检修机械设备时忽视安全措施。如进入设备检修、检查作业时不切断电源，未挂不准合闸警示牌，未设专人监护等。②缺乏安全装置，如有的机械传动带、带轮、飞轮等容易伤害到人体的部件没有完好的防护装置；有的投料口部位无护栏及盖板，无警示牌，人一旦因疏忽而接触这些部位就会造成事故。③在机械运行中进行清理、上料等作业或随意进入机械运行危险作业区（禁止区域或禁止通行区域）。④穿戴不安全。如在有旋转零部件的设备旁作业时，穿着过于肥大、宽松的服装，未将长发盘在帽子里；戴悬吊饰物；操纵带有旋转零部件的设备时戴手套；穿高跟鞋、凉鞋、拖鞋进入车间等。⑤操作各种机械人员未经过专业培训，操作错误，忽视安全，忽视警告，不能掌握该设备性能的基础知识，未经考试合格就上岗。

（3）不安全心理因素。不安全心理因素包括自我表现心理、经验心理、侥幸心理、盲目从众和逆反心理、无所谓心理、反常心理等。

1）自我表现心理。表现为不懂装懂，盲目操作，一知半解充内行，生硬操作，乱摸乱动等。对这些自我表现的心理，如果不及时加以纠正，是很危险的。

2）经验心理。表现为喜欢凭自己片面的“经验”办事，对别人的劝告常常听不进去，经常说的话是“一直是这样干的，也没出事故”。特别是青年人和一部分有经验的人，他们在安全规程面前“不信邪”，在领导面前“不在乎”，把别人的提醒当成“耳旁风”，把安监人员的监视视为“找麻烦”。盲目自信，我行我素，自以为绝对安全而疏于防范。

3）侥幸心理。侥幸心理是许多违章人员在行动前的一种重要心态。有这种心态的人，不是不懂安全操作规程，缺乏安全知识，也不是技术水平低，而多数是“明知故犯”。例如，有些安全操作方法比较复杂，有的人为图省事，常把安全操作方法视为多余，应该采取安全防范措施而不采取；需要某种持证作业人员协作的而不去请，自己违章代劳；该回去拿工具的不去拿，就近随意取物代之等。把“不一定”这种“偶然”当作“一定”的“必然”，对明明要注意的事项不去注意，明令严格禁止的操作方法却照样去操作。在侥幸者看来，“违章不一定出事，出事不一定伤人，伤人不一定伤我”，这实际上是把出事的偶然性绝对化了。有这种心理的人常常是出了事故而后悔莫及。

4）盲目从众和逆反心理。看见别人违章作业，盲目照着学，对执行安全规章制度有逆反心理。如登高作业时把安全帽系在腰间；看见领导来了赶快脱下手套，领导一走又戴上手套操作有旋转零部件的机床。这种心理状态常常表现在被管理者与管理者关系紧张的情况下，往往是气大于理，常常是“你要我这样干，我非要那样做”。因逆反心理而违章作业，以致发生事故的不乏其例。

5）无所谓心理。无所谓心理常表现为对违章行为满不在乎。一是本人根本没有意识到危险的存在，认为什么规程不规程，规程都是用来管人的；二是对安全问题“谈起来重要，干起来次要，比起来不要”，在行为中根本不把安全制度放在眼里；三是认为违章是必要的，不违章就干不成活。这种心理的出现往往由于对安全、安全规程缺乏正确认识。带着无所谓心理的人因为根本没有安全这根弦，对安全的影响极大，常是事故多发者。

6）反常心理。人的情绪的形成通常受到生理、家庭、社会等多方面因素刺激影响。家有牵肠挂肚之事，心情急躁或闷闷不乐，往往在岗位上会心神不定。俗话说：“一心不能二用”，在反常心理得不到缓解的情况下工作很容易出事故。

安全来自警惕，事故出于麻痹。有资料显示，在有责任认定的事故中，90%以上是责任人安全措施不到位造成的。的确，在安全生产过程中，正是有些人存在上述各种心理，最终导致事故的发生。如果每个人都能够树立“安全第一”的思想，严格按照规章制度办事，检查到位，不漏过任何一个细节；措施到位，不放过任何一个疑点；操作到位，不省略任何一个步骤，许多安全事故也许就不会发生。

二、安全检查

安全检查是安全生产的一项基本制度，是安全管理的重要内容之一。通过安全检查，可以了解安全生产状况，发现不安全因素，获取安全信息，消除事故隐患，推动安全工作。

1. 安全检查的内容

一般来说，安全检查包括查思想、查制度、查纪律、查隐患、查整改。

（1）查思想。即检查全员的安全意识和安全生产素质，把牢思想这根弦。

（2）查制度。即检查安全生产规章制度是否健全，在生产活动中是否得到了贯彻执行，有无违章作业和违章指挥现象。包括安全组织和机构的设置与安全员的配备、安全惩奖制度、安全教育制度、安全检查与隐患整改制度、各工种安全技术操作规程及安全守则。

（3）查纪律。即检查学生遵守实习纪律情况，检查安全生产操作落实情况。

（4）查隐患。即深入生产现场，检查设备、设施、安全卫生措施、生产环境条件，以及人的不安全行为。

（5）查整改。对以上检查出来的不安全因素提出具体整改要求，对安全生产起到监督检查作用。这也是安全检查的一项重要内容。

2. 安全检查的方式

安全检查的方式一般按检查的目的、要求、阶段、对象的不同，分为经常性检查、定期检查和专业检查。

（1）经常性检查。经常性检查是保证安全而进行的最基本、最重要的安全管理手段。这种检查可以随时随地发现问题，及时进行整改。经常性检查包括：巡逻检查，即实习教师对生产实习现场进行的巡视监督检查；岗位检查，实际操作的学生对操作岗位的作业环境、机器设备、安全防护设施及措施等进行检查确认；相互检查，学生与学生相互监督，对不安全行为、个人防护用品的佩戴等进行检查；重点检查，实习安全管理部门组织对内部的重点岗位、关键设备设施等进行检查。

（2）定期检查。定期检查是按规定日程和规定周期进行的全面安全检查。定期检查包括：安全生产大检查，由国家或当地人社部门和产业主管部门联合组织的定期的普遍检查，称为安全生产大检查；行业检查，由主管部门组织的企业之间的相互检查，这种检查一般为每年检查一次；单位内部定期检查，每季度组织一次检查；季节性定期检查，如雨季进行防洪、防建筑物倒塌、防雷电检查，冬季进行防寒、防冻、防滑等检查，夏季进行防暑降温、防灼烫等检查；节假日进行设备检修安全检查、防火防爆措施和治安保卫措施检查。

（3）专业检查。专业检查是组织有关专业技术人员和管理人员，有计划、有重点的对某项专业范围的设备、操作、管理进行检查。通过专业检查，可以了解设备的可靠性，安全装置的有效性，设备、设施的维护、保养状况，以及专业管理、岗位人员的责任等情况，也可以了解该专业的规章制度执行情况等。如对消防设施、电气设备、压力容器等进行的专业检查。

以上各种检查都必须明确目的、要求和具体计划，都应做好详细的检查记录，记录检查的结果和存在的问题，按规定的职责范围分级落实整改措施，限期解决，并定期复查。对不能及时整改的隐患，要采取临时安全措施，提出整改方案。不论哪种方式的检查，都应写出小结，提出分析、评价和处理意见，以达到检查的目的。

第二节 教学实验实习安全与预防

学生在教学实验、教学实习和校外实习过程中应自觉遵守劳动纪律和安全操作规程，不断提高安全意识，提升安全技术能力，从“要我安全”转向“我要安全”“我应安全”“我能安全”“我懂安全”，这是安全意识的飞跃。这种飞跃只有通过经常的、反复的安全再教育、再学习才能实现。

一、教学实验安全与预防

1. 实验室安全基本要求

实验室是开展教学和研究的重要场所，进入实验室必须严格遵守实验室的各项规章制度和操作规程。

（1）在进行有危险性的实验时，应在专业老师的指导下进行。

（2）参与课堂实验的学生应熟记实验操作规范，要在安全可控的范围内开展实验操作。

（3）要注意实验室一些大功率设备的用电安全，不用时应及时断电，避免火灾的发生。

2. 实验室安全预防措施

实验室是安全重地，必须严格要求，严格管理。

（1）进入实验室，必须穿实验服，佩戴防护眼镜（或眼镜）及手套，禁止戴隐形眼镜；不得穿凉鞋或拖鞋；留长发者应束扎头发。保持实验室内的整洁、安静，不得喧哗、打闹、吸烟、进食（包括口香糖）、饮水和随地吐痰。

（2）按老师要求做好实验前的各项准备工作，做好防护措施，严格执行各项实验室安全规定，禁止在不熟悉药品、试剂、仪器设备安全性及防护和急救措施的情况下进行实验。

（3）使用玻璃管、玻璃棒装填浓硫酸、氢氟酸、双氧水等腐蚀性强的试剂时，一定要注意切勿伤及手和眼睛。实验废液切勿直接倒入水槽，水槽中的毛刷要及时清理，不可用去污粉。

（4）在实验时间段，实验室、机房、休息区内不可以放音乐，不可以看视频、打游戏，禁止在实验室内戴耳机听音乐。

（5）所有涉及使用电器的实验必须有人看守，禁止无人看守进行实验。如需过夜，应报备主管老师及实验室安全负责人，并由两人以上（包括两人）实验人通宵监控，确保安全，禁止无人看守进行过夜实验。

（6）禁止挪用或损坏防火器材，熟练掌握灭火器使用方法，遇事沉着冷静，及时向老师和安全负责人及值班人员汇报。

二、教学实习安全与预防

学生实习是指教学计划规定的认识实习、跟岗实习、顶岗实习等实践性教学环节。在各个环节教学过程中，做好安全预防尤为重要。

1. 教学实习安全遵循的原则

（1）安全第一、预防为主的原则。组织实习要高度重视，班前讲安全，训练中讲安全，训练后总结安全，要求处处牢记安全，防微杜渐，防患于未然，把事故消灭在发生事故前。

（2）落实安全责任制的原则。由分管校（院）长—主任—实习老师—实习学生实行垂直管理，责任到人，保障实习训练安全。

（3）制度健全与检查落实的原则。根据6S管理中“整理、整顿、清扫、清洁、素养、安全”明确要求，进行常规巡回，检查安全隐患。

（4）事故处理“四不放过”的原则。即事故原因未查清不放过，责任人员未处理不放过，责任人和群众未受到教育不放过，整改措施未落实不放过。

2. 教学实习安全预防措施

（1）严格遵守国家法律法规，严格遵守学校和实训中心的规章制度，服从领导，听从指挥，加强自我保护意识。

（2）进入实训中心，一定要按照安全生产要求，穿工作服，戴工作帽，严禁穿裤头、背心、拖鞋参加实训，听从实习教师的教育指导，不违章操作，不做与实习内容无关的事情。

（3）严禁在实训中心追逐打闹，保持实训场地周围整洁，不准杂乱堆物，防止绊倒、滑跌、砸伤等危险发生。

（4）实习期间一般不得请假，若有特殊情况，必须向实习指导教师和本系（部）分管领导履行书面请假手续。

（5）未经允许，不得随意开动他人机器设备，不得随意接触陌生的机器设备。对不能胜任的岗位，不逞能、不越位上岗。

三、校外实习安全与预防

校外实习是技工教育的基本环节，加强实习管理，是保证实习教学效果、提高人才培养质量的重要保障。

1. 校外实习政策

（1）国家政策。《国家中长期教育改革和发展规划纲要（2010—2020 年）》（以下简称《纲要》）明确提出，职业教育要把"提高质量作为重点，实行工学结合、校企合作、顶岗实习的人才培养模式"。通知强调，各地各中等职业学校要安排专人负责学生实习风险管理工作，形成学生实习前有专门培训、实习中有过程管理、出险后及时赔付的全流程风险管理制度。

（2）相关规定。《职业学校学生实习管理规定》明确规定："职业学校学生实习，是指实施全日制学历教育的中等职业学校和高等职业学校学生按照专业培养目标要求和人才培养方案安排，由职业学校安排或者经职业学校批准自行到企（事）业等单位进行专业技能培养的实践性教育教学活动，包括认识实习、跟岗实习和顶岗实习等三种形式。"学生参加跟岗实习和顶岗实习前，学校、实习单位、学生三方应签订实习协议，明确各方责任、权利和义务。未按规定签订实习协议的，不得安排学生实习。规定要求，严格执行国家及地方安全生产和职业卫生有关规定，加强安全培训与考核，未经教育培训和未通过考核的学生，不得参加实习。

2. 校外实习安全预防措施

（1）实习学生要牢固树立"安全第一"的思想，严格要求自己，遵纪守法，遵守学校、实习单位的有关制度、管理规定和安全操作规程，严禁盲目擅动，严禁违规操作，确保实习安全。

（2）学生进入实习岗位后，必须服从实习单位的安全管理，自觉学习和掌握实习岗位的安全技术要求，正确操作，确保安全。

（3）学生在实习期间需提高自我防范意识，做好防触电、防坠落、防高空物体打击、防食物中毒等预防工作。

（4）严禁在实习期间外出游玩。不准酗酒，不准寻衅滋事，不准进网吧、歌厅等与学生身份不符的场所，谨慎交友，注意自身防范。在乘车、与人交往、实习和生活的各个环节中，提高安全意识，谨防人身受到伤害。

（5）学生在实习期间，要将自己的实习单位名称、地址、联系方式、食宿安排、交通安排等情况报告实习指导教师，并同时报告家长。

第三节　社会实践活动安全与预防

社会实践是学生走向社会的一个很重要的锻炼环节，也是教育与实践相结合的具体体现。组织学生参加社会实践活动是学校教育的重要组成部分，必须十分重视学生社会实践活动的组织管理，确保参加实践活动的学生人身安全。

一、社会实践概述

社会实践，是指实践者个人或团体，通过参与社会活动，掌握和巩固某些知识或技能，实现适应和服务社会的目的。学生参加社会实践活动，是学校课堂教育的延续。社会实践活动具有实践性、开放性、生成性和自主性等特点，对学生综合素质的提升，特别是创新精神和实践能力的培养提供了广阔的空间。

1. 参加社会实践活动的意义

（1）有助于提高学生动手参与能力。社会实践是教育教学内容的重要组成部分，主要以学生个人主动参与及体验为主，是巩固所学知识、吸收新知识、提高社会实践能力的重要途径。

（2）有助于激发学生对社会问题的思考。学生在社会实践过程中，很自然地要走出校门，要离开书本、融入社会、贴近社区、感触生活，增加对社会的认识与理解、体验与感悟，有助于增强社会责任感，提高服务奉献社会的本领。

（3）有助于提高学生的综合素质。在社会实践过程中，通过参与、动手、思考、解决问题等过程，能够将所学的书本知识内化为自己的能力，全面提升思想素质和求真务实的品质。同时培养积极向上、珍爱美好生活的优良心理品质。

（4）有助于学生尽早地融入社会。教育的目的是培养对社会有用的人才，学校教育的最终目的是要学以致用，社会实践活动可以使学生学习社会知识，培养学生职业迁移能力，能够为其今后职业生涯规划与发展做好铺垫和准备。

2. 参加社会实践活动的途径

组织在校学生参加社会实践活动，是全面贯彻立德树人教育方针的重要举措。在活动内容的把握上应以学生的实际能力为基础，密切结合学生的生活与学习实际，积极探寻有助于学生运用所学知识、锻炼学生能力的内容，以提高社会实践活动的针对性和实效性。具体来说，有以下几种形式：

（1）以校内服务为主的岗位实践活动。社会实践活动首先应该从与学生学习生活关系密切的校内生活开始。充分运用学生的能力，放手让学生从事诸如校园礼仪队、维修社团、勤工助学、志愿服务等校内岗位的锻炼，从而提高学生的综合素质和能力。

（2）以社区服务为主的社会实践。学生在教师指导下，走出教室，直接参与和亲身经历各种社会生活活动，开展各种力所能及的社区服务性、公益性、体验性的学习与实践，通过清除非法广告、帮助孤残老人和儿童、慰问军属烈属等各种形式的活动，进一步了解社会，增强社会责任感。

（3）以公益宣传为主的社会活动。学生利用节假日，走上街头，结合节日，参加诸如环保宣传、交通安全宣传、节约水资源宣传、法律知识宣传、禁烟禁毒宣传等公益活动，提高学生关爱社会的公益意识与生态健康发展理念。

（4）以参观为主的实践活动。在学校的统一组织下，学生可以进行一些参观活动，这些参观可分为两类，一类是自己所在地的现代化企业，一类是本地人文自然景观。通过参观本地的人文自然景观，如历史博物馆、科技馆、纪念馆、地质博物馆、文化遗址等，了解本地的自然人文情况，增强学生对区域性文化的了解，提升文化和人文素养。

二、社会实践活动安全与预防

学生在学校学习阶段，经常会有机会参加学校组织的各种社会实践公益活动。参加这类校外集体活动，必须确保安全。

1. 参加社会实践活动的注意事项

（1）学生参加校外集体活动，一定要事先经学校负责人批准，要事先派人勘查活动场地和环境，做出周密计划，严格组织，并由负责人或教师带队。

（2）活动中如需使用交通工具，必须符合安全要求，不得超员运载，不得乘坐无驾驶执照人员驾驶的车辆。

（3）参加校外集体活动的场所、建筑物和各项设施必须坚固安全，场内消防设备齐全有效，放置得当。

（4）学校组织学生参加勤工助学和社会公益劳动，必须有安全保障措施，坚持安全、无毒、无害和力所能及的原则，避免各类安全伤害事故发生。

（5）组织学生参加有关单位举办的集体活动，必须认真组织，周密安排，保障安全。在没有严密的组织工作和切实的安全措施的情况下，无论是何单位组织的活动，都可以拒绝参加。

2. 参加社会实践活动的安全措施

（1）凡外出参加活动、组织参观学习，必须听从老师或有关管理人员的指挥，遵守纪律，统一行动，注意行路安全。

（2）班主任老师要负责对参加活动的本班学生人数进行清点，对中途掉队的学生进行帮助，保证不因掉队而发生危险事故。

（3）班主任要随队参加活动，监督学生的安全，及时对违反纪律和安全要求的学生提出批评和制止。

（4）到达活动现场后，班主任老师要对活动内容和安全事项进行说明，强调安全问题，并安排班级干部负责安全工作，在指定的区域内活动，不随意四处走动、游览，防止意外伤害发生。

（5）活动结束，由体育委员组织好队伍，班主任及时清点人数，对学生身体感到不适的，要给予关心和帮助，严重的要及时送医院进行检查。

思考

1. 安全文明生产的核心内容和工作方针是什么？
2. 教学实习安全应遵循哪些原则？在教学实习中如何实施6S管理？
3. 试述参加社会实践活动的意义及途径。

讨论

每年5月的第二周为全国的“职业教育活动周”。该活动周的设立，是国家弘扬劳动光荣、技能宝贵、创造伟大的时代风尚，促进大众创业、万众创新，建设人力资源强国的重大举措。请你根据本校的产教融合、校企合作现状，提出适合自身发展实际的建议或思路。

实践

校内实习教学有关情况

小调查

1. 据你所知，学校有没有校内生产性实习基地？（　　）

   A. 有　　B. 没有　　C. 不清楚

2. 你认为学校对实习基地建设中的安全工作重视程度为？（　　）

   A. 非常重视　　B. 比较重视　　C. 不太重视　　D. 很不重视

3. 你认为目前学校在实习基地建设中急需解决的问题是？（　　）

   A. 增加实习设施设备　　B. 加大实习耗材投入

   C. 提高“一体化双师型”教师技能水平　　D. 建立适应高技能人才培养的管理模式

   E. 其他

4. 你认为实习课程提高了你哪些方面的素养？（　　）

   A. 专业技能　　B. 语言表达能力

   C. 职业素养　　D. 人际交往能力

   E. 其他

5. 你认为实习课程对你的就业有帮助吗？（　　）

A. 有，帮助很大　　　B. 有，帮助不是很大

C. 没有

6. 你了解所学专业对应的工作岗位及其安全要求吗？（　　）

A. 很了解　　B. 比较了解　　C. 基本了解　　D. 不知道

7. 你认为你参加过的实习有待改进的方面有哪些？（　　）

A. 实习设备不够用　　　B. 独立操作时间太短

C. 实习课程考核形式单一、太随意　　　D. 现有设施未被充分利用

E. 实训场所太小

8. 你参加过的认识实习或跟岗实习对你将来的就业产生了哪些影响？（请简单列举）

延伸阅读

安全实战之攻略——6S 管理

200 年前，日本江户时代的人以捕鱼为生，在渔船上狭小的空间里生活久了，往往习惯地抛掉不需要的东西，以追求环境的整洁及尽量大的生活空间。这套生活管理哲学应用于当代，演化成为企业管理的 5S 理论。后来，我国企业在 5S 理论的基础上增加了安全的范畴，成为现代企业日常管理的 6S 理论。6S 指的是由整理、整顿、清扫、清洁、素养和安全等 6 项内容整合而成的一种行之有效的管理理念和方法，因日文罗马拼音均以“S”开头，简称为“6S”。其目的在于通过一目了然的管理，使工作环境整洁有序，有条不紊，储存明确，物归原位，物流通畅，环境优良，最大限度地减少了人员、设备、时间的浪费，既提高了效率，保证了质量，也实现了预防在先、保证安全的目标。

事实上，企业为了生产出高品质的产品或提供高质量的服务，大都要通过实施 ISO 国际标准化质量认证来加强过程监督与管理，对员工的行为、习惯、意识，以及综合素养都会有严格的要求，其中 6S 管理即是典型载体。6S 管理针对企业中员工的日常行为，倡导员工从小事做起，养成良好的行为习惯，提高整体工作的质量和水平。

整理：就是区分要与不要的物品，学习、工作生活场所除了要用的物品以外，清除一切不要的。目的在于腾出空间，提高效率。

整顿：就是将需要使用的物品按方便取用的原则对其进行调整，定位、定方法摆放整齐，明确数量，明确标识，用后还原。目的在于消除“寻找”，排除隐患。

清扫：就是清除学习、工作、生活场所内的脏污，并防止污染的发生。目的在于消除脏污，保持教学、工作、生活环境的干净整洁和工作设施设备处于良好的状态，做到清修并重，品质保证。

清洁：就是将整理、整顿、清扫进行彻底，并且制度化、标准化、透明化。目的在于将整理、整顿、清扫内化为每个人的自觉行为，持之以恒，维持成果。

素养：就是要求大家都必须文明礼貌，严守纪律和标准，养成良好的学习工作生活习惯，形成整齐划一的团队精神。目的在于形成良好的习惯和素质，提升人的品质，营造优秀的团队精神。

安全：安全工作重于泰山，就是关注、预防、杜绝、消除一切不安全因素和现象，时时注意安全，刻刻不忘平安。目的在于杜绝事故，确保安全。

6S管理作为现代企业行之有效的管理理念和方法，它能够提高工作效率，保证产品质量，使工作环境整洁有序，确保生产过程的安全性，并强调以预防为主的管理思想，为其他的管理活动提供良好的工作平台。因此，推行6S管理有着重要的现实意义。6S管理由最初盛行于制造行业，近年逐步推广到公共事务、供水、供电、道路交通管理等服务行业，具体场所包括生产车间、宿舍房间、仓库、办公室、公共场所等众多管理区域。技工院校的培养目标是培养与我国社会主义现代化建设要求相适应，德、智、体、美全面发展，具有综合职业能力，在生产、服务一线工作的高素质技能型人才。无论是在校学生第三学年进入企业进行顶岗实习，还是毕业生走出学校进入企业就业，技工院校的实训室与企业车间极为类似。在技工院校推行6S管理，可以在实训室中通过模拟企业生产车间，营造舒适实训氛围，提供安全实训环境，从而提高学生职业素质，提升适应企业环境能力，营造“企业氛围”，培养学生的“员工感”，实现校企无缝连接。推行6S管理也是提升办学品质的基础工程，是安全工作的长久保障，更是塑造学校良好社会形象，实施工学结合、校企合作的重要桥梁。

管理的最高境界就是不给人提供犯错的机会，而推进6S管理是促进细节管理达成这一目标最有效的方法。那些看似简单的方框、线条和标牌，不仅仅是规范了物品的位置，最重要的是培养了劳动者良好的习惯和对待工作认真负责的态度。

天下大事，必作于细。实施6S管理做起来容易，可坚持难，在推行6S管理过程中容易发生一紧、二松、三垮台、四重来的现象。因此，开展6S管理，贵在坚持，关键要让师生形成习惯。为将这项管理坚持下去，全体教职员工，特别是扮演实训重要角色的学生要充分认识、高度重视、紧密配合、积极参与，不要做旁观者和看客。应将6S管理纳入岗位责任制，使每一个部门、每一个人员都有明确的岗位责任和工作标准。要严格、认真地做好检查、评比和考核工作，将考核结果同各部门和每一个人员的经济利益挂钩。要坚持循环管理（即计划、实施、检查、行动形成的质量封闭环），通过检查，不断发现问题，不断解决问题，不断提高现场的6S水平，使6S管理坚持不断地开展下去。

第六章 校园治安安全

【内容提要】

本章介绍校园治安安全基本知识，盗窃、诈骗，以及其他治安行为的防范与应对，防范各种治安安全事件的发生。

【学习目标】

1. 了解治安安全基本知识，明确常见校园治安安全事件类型。
2. 掌握盗窃行为的防范与应对方法，预防和打击校园盗窃犯罪。
3. 熟悉诈骗行为的特征，防范诈骗行为，预防和打击校园诈骗行为。
4. 掌握抢夺与抢劫行为的防范与应对方法，避免群体打架和性侵害事件。

【关键词】

治安安全　盗窃　诈骗　抢夺与抢劫　防范与应对

治安安全事件是威胁校园安全的重要因素之一。面对突发治安安全事件，如何才能正确应对、化险为夷，是每一个人都应当重视的问题。

校园治安安全属于社会治安综合治理管理范畴。其主要任务是打击各种危害校园安全的违法犯罪活动；采取各种措施，加强治安防范工作，堵塞违法犯罪活动漏洞；加强对学生的思想政治教育和法制教育，提高其文化道德素质，增强法制观念，自觉维护社会秩序，同违法犯罪行为做斗争。

第一节　治安安全基本知识

一、社会治安基本知识

1. 社会治安

社会治安是指社会在一定的法律、法规及制度的约束下而呈现的一种安定、有秩序的状态或状况。社会治安问题是指影响社会安定的各种矛盾、因素。党的十九大报告明确指出，要加快社会治安防控体系建设，依法打击和惩治黄赌毒黑拐骗等违法犯罪活动，保护人民人身权、财产权、人格权。

2. 社会治安综合治理

社会治安综合治理是在各级党委和政府的统一领导下，组织和依靠各部门、各单位的人民群众的力量，运用政治的、经济的、行政的、法律的、文化的、教育的等多种手段，通过加强打击、防范、教育、管理、建设、改造等方面的工作，解决社会治安问题，实现从根本上预防和打击违法犯罪、维护治安秩序、保障社会稳定的社会系统工程。

社会治安综合治理的实质是一项教育人、挽救人、改造人的系统工程，其工作方针是“打防并举，标本兼治，重在治本”。“打防并举”要求我们把严打与严防有机地结合起来，真正形成打中有防、防中有打、打防并举的良好局面；“标本兼治”就是说，既要依法及时处置违法犯罪，消除违法犯罪的外在条件，也要坚持不懈积极主动地解决深层次的治安问题，从根本上减少和根治违法犯罪产生的内在因素，要从治标和治本两方面发挥每一项治理措施的双重作用；“重在治本”是社会治安综合治理方针的落脚点，就是要求治标与治本既要双管齐下，统筹兼顾，不顾此失彼，又要注重发挥各项治理措施的治本作用，建立起防范和减少违法犯罪的有效机制，在大数据、云计算、“互联网+”等现代信息技术的支撑下，将现代信息手段与传统有效做法紧密结合起来，提升立体化社会治安防控能力转型升级，通过布建和整合门禁系统、移动上网、视频监控、电子围栏、物联网等智能化信息采集渠道，全面掌握辖区内的人、地、物、事、组织等基本信息及吃、住、行、消费等动态信息，维护社会治安秩序，努力实现长治久安，保障改革开放和社会主义现代化建设的顺利进行。正确理解和贯彻执行这个方针，对于全面推进国家治理理念和治理能力现代化，保证这项工作的顺利进行，具有十分重要的意义。

3. 违反治安管理行为与犯罪行为的区别

社会治安综合治理的基本内容包括打击、防范、教育、管理、建设和改造六个方面。打击，即打击犯罪活动，是综合治理的首要环节；防范，即预防各种违法犯罪和治安案件的发生，是社会治安综合治理的中心环节，也是治本之道；教育，是维护社会治安的战略性措施，通过教育可以提高全民知法、守法意识，从而减少违法犯罪的发生；管理，是维护社会治安的一个重要手段，通过科学、高效的管理，使社会治安综合治理工作构成一个有目标、有要求、有责任、有奖惩的整体系统；建设，是指加强基层组织和制度建设，是落实综合治理各项措施的保证；改造，是对违法犯罪人员的教育和挽救，是根本上减少和消除犯罪的重要环节。

治安案件属于违反治安管理行为，《中华人民共和国治安管理处罚法》按照行为的违法情节，将违反治安管理行为归纳为：扰乱公共秩序的行为，妨害公共安全的行为，侵犯人身权利、财产权利的行为，妨害社会管理的行为，尚不够刑事处罚的，由公安机关依照本法给予治安管理处罚。依照《中华人民共和国刑法》（以下简称《刑法》）的规定构成犯罪的，依法追究刑事责任。

二、社会治安防控体系基本知识

1. 指导思想

以邓小平理论、“三个代表”重要思想、科学发展观、习近平新时代中国特色社会主义思想为指导，紧紧围绕完善和发展中国特色社会主义制度、推进国家治理体系和治理能力现代化的总目标，牢牢把握全面推进依法治国的总要求，着力提高动态化、信息化条件下驾驭社会治安局势能力，以确保公共安全、提升人民群众安全感和满意度为目标，以突出治安问题为导向，以体制机制创新为动力，以信息化为引领，以基础建设为支撑，坚持系统治理、依法治理、综合治理、源头治理，健全点线面结合、网上网下结合、人防物防技防结合、打防管控结合的立体化社会治安防控体系，确保人民安居乐业、社会安定有序、国家长治久安。

2. 总体目标

形成党委领导、政府主导、综治协调、各部门齐抓共管、社会力量积极参与的社会治安防控体系建设工作格局，健全社会治安防控运行机制，编织社会治安防控网，提升社会治安防控体系建设法治化、社会化、信息化水平，增强社会治安整体防控能力，努力使影响公共安全的暴力恐怖犯罪、个人极端暴力犯罪等得到有效遏制，使影响群众安全感的多发性案件和公共安全事故得到有效防范，人民群众安全感和满意度明显提升，社会更加和谐有序。

3. 防控体系

（1）运用法律手段解决突出问题。充分发挥法治的引导、规范、保障、惩戒作用，做到依法化解社会矛盾、依法预防打击犯罪、依法规范社会秩序、依法维护社会稳定。对群众反映强烈的黑拐抢、黄赌毒，以及电信诈骗、非法获取公民个人信息、非法传销、非法集资、危害食品药品安全、环境污染、涉邪教活动等突出治安问题，开展专项打击整治，形成整体合力。

（2）加强基础性制度建设。建立以居民身份证号码为唯一代码、统一共享的国家人口基础信息库，建立健全相关方面的实名登记制度。建立公民统一社会信用代码制度、法人和其他组织统一社会信用代码制度，加强社会信用管理，促进信息共享，强化对守信者的奖励和对失信者的惩戒，探索建立公民所有信息的一卡通制度。

（3）严格落实综合治理工作领导责任制。把社会治安防控体系建设纳入综合治理工作（平安建设）考核评价指标体系。

第二节　盗窃行为的防范与应对

盗窃是校园内常见的一种违法犯罪行为，其危害是不言而喻的。增强防盗意识，了解校园内盗窃行为的基本特点和规律，掌握防盗的基本常识，是做好防盗、保证安全的基础。

一、盗窃行为及其特点

1. 盗窃的性质及特点

盗窃是指以非法占有为目的，秘密窃取国家、集体或他人财物的行为。这是一种校园里最常见，也是历来最为人深恶痛绝的侵财型违法犯罪行为。盗窃案发率高，如偷钱、偷车、偷衣服、偷饭卡、偷手机、偷电器等，谁都有可能成为被偷的对象。其中，数额较大的称为刑事案件中的盗窃案，属于犯罪行为，我国《刑法》第二百六十四条规定：对犯罪数额较大或者多次盗窃、入户盗窃、携带凶器盗窃、扒窃的，处 3 年以上有期徒刑、拘役或者管制，并处或者单处罚金；数额巨大或者有其他严重情节的，处 3 年以上 10 年以下有期徒刑；数额特别巨大或者有其他特别严重情节的，处 10 年以上有期徒刑或者无期徒刑，并处罚金或者没收财产。

宿舍是容易发生盗窃的场所。有些同学缺乏警惕性，安全防范意识差，看到陌生人在宿舍里乱窜也漠不关心，甚至随便留宿外人或出借钥匙等，很容易被盗窃分子乘室内无人或房门未锁而“顺手牵羊”。在炎热季节，夜间睡觉图凉快不关门、不关窗，盗窃分子就会乘室内无人或室内人员睡觉之机作案。某校曾发生两名交往密切的同学偷盗事件，甲同学趁替乙同学拿衣服之际，取走了乙同学的钥匙，回到宿舍打开乙同学壁橱，偷走乙同学 600 元。在防范盗窃时，既要防外盗，也要防内盗。校园盗窃案件一般有以下特点：

（1）时间上的选择性。盗窃分子在有人的情况下是不行窃的，作案必然选择在无人的空隙实施盗窃。例如，在学生上操、上课期间或集会活动时，盗窃分子乘机溜进无人状态的宿舍或教室，实施盗窃。

（2）目标上的准确性。校园中内盗案件较多，主要因为盗窃分子对学生钱物或贵重物品常放在什么地方、钥匙放在何处非常了解，学院的财务室、办公室在什么位置，盗窃分子都掌握得一清二楚。

（3）作案上的连续性。第一次作案很容易得手，往往会使盗窃分子产生侥幸心理，极易屡屡作案而形成一定的连续性。

2. 常见盗窃方式

（1）顺手牵羊。盗窃分子趁人不备，将他人放在桌上、床上、走廊等处的钱物顺手“拿”走，占为已有。

（2）乘虚而入。盗窃分子趁人不在、房门橱屉未锁之机入室行窃。

（3）窗外钓鱼。盗窃分子用枝条等工具在窗外将室内他人的衣服物品钩走。

（4）翻窗入室。盗窃分子翻越没有牢固防范设施的窗户、排气窗

等人室行窃。

（5）撬门开锁。盗窃分子使用工具撬开门锁而入室行窃。

二、盗窃的防范与应对

对于学生来说，最重要的防盗方法是加强防范意识，以保证自己的财物不受侵害。

1. 防范盗窃的措施

（1）要牢固树立防盗意识，克服麻痹思想。妥善保管好现金、存折、信用卡等。贵重物品不用时，不要随便放在桌子上、床上。现金最好的保管办法是存入银行，决不能怕麻烦。要就近储蓄，储蓄密码应选择容易记忆，且又不易解密的数字与字母组合，千万不要选用自己的出生日期作为密码。这样，即使存折或现金卡被盗，犯罪分子也不容易取走钱，为自己争取时间到银行挂失。存折丢失，可以凭身份证去挂失，凭身份证去取款。存款单据、汇款单据、存折及现金卡要同身份证、学生证分开存放，防止被犯罪分子同时盗走。寒暑假离校时应将贵重物品带走，或托给可靠的人保管，不要放在宿舍里，防止盗窃分子趁放假无人撬锁盗窃。

（2）要养成随手关窗锁门的好习惯。上课、参加集体活动、出操、锻炼身体等外出离开宿舍时，要关好窗、锁好门，夜间休息时要反锁门。一个人在宿舍时，即便上厕所、去盥洗室洗衣服，也要锁好门，防止被盗窃分子溜门盗窃。

（3）要养成随手锁车的好习惯。所骑车辆（电动车）一定要到有关部门办理登记手续，安装防盗车锁，随手锁好，最好存放在有人看管的地方。发现车辆被盗，应立即到学校保卫部门或当地派出所报案，以便及时查找。

2. 被盗后的应对措施

在公寓、教室或其他公共场所一旦发生盗窃案件，一定要冷静应对，避免失去理智。

（1）立即报告给班主任，与班主任一起向学校保卫处或社区民警汇报。

（2）尽力保护好现场，等待有关管理人员或民警前往现场勘察。

（3）如实回答前来调查的公安保卫人员提出的有关问题，回答要实事求是、全面准确，不可凭想象、推测。应积极向负责侦察破案的公安保卫人员提供情况，反映线索，协助破案。

（4）如果发现存折、信用卡等被盗，尽快到银行及有关部门办理挂失手续。

（5）如果发现嫌疑人，应立即打电话给保卫处或门卫。

第三节　诈骗行为的防范与应对

当今社会，新技术、新应用的快速发展，在给国家发展带来机遇、给社会生活带来便利的同时，也带来了一定的安全风险，信息传播工具和新的支付方式也被许多不法分子所利用，各种诈骗层出不穷，花样不断翻新，让人防不胜防，很多在校学生也不可幸免。其实分析每一起诈骗案例，只要当事人增强防范意识，采取得力防范措施，诈骗行为就不可能得逞。

一、诈骗行为及其特点

1. 诈骗的性质及特点

诈骗是指以非法占有为目的，用虚构事实或者隐瞒真相的方法，骗取数额较大的公私财物的一种违法犯罪行为。诈骗的主要特征是具有非法占有公私财物的直接故意，表现为使用骗术，即虚构事实或者隐瞒真相等，使财物所有人产生错觉，信以为真，侵犯的客体是公私财物所有权。无论是传统的诈骗还是电信、网络诈骗案件，嫌疑人主要还是利用了受害人贪小便宜、私利心较强的心理，对类似于“天上掉馅饼”的事情缺乏冷静思考，一般是“愿者上钩”才得逞的。少数人甚至按照街头路边、手机及网站上的小广告，主动与嫌疑人联系，以致落入圈套造成财产损失，有的甚至危及生命安全。

2. 常见诈骗方式

（1）利用电话、短信进行诈骗。犯罪分子利用学生防范意识不强的弱点发送“点歌”“中奖”等诈骗短信骗取学生高额电话费或盗取银行卡现金等。

（2）推销假冒伪劣产品。一些犯罪分子利用学生经验少又苛求物美价廉的特点，推销各种假冒伪劣产品而使学生上当受骗。

（3）以招聘为名诈骗中介费。犯罪分子利用部分学生急于找工作或兼职的心理，假冒职业中介，骗取学生高额中介费。

（4）以高回报为诱饵行骗。犯罪分子假冒公司经理名义，采取校园求职、兼职的骗局套路，或以高薪聘请家教、秘书、导游、陪练等名义把目光瞄上涉世不深、找工作心切的学生。受骗者一不小心落入陷阱后，容易危及人身安全。

（5）以伪装的特殊身份进行诈骗。主要表现为冒充政府部门或国家机关工作人员、军人、医生等进行诈骗。

（6）网络诈骗。如利用虚拟公司、虚拟购物、虚拟货币、过关游戏、网络中奖、代购车（机）票、办理各种证件等事由，诱使学生进入圈套。

（7）通过上网聊天交友，取得信任后，以恋爱为名，编造谎言进行诈骗。

（8）假称自己发生意外，利用学生的同情心理伺机进行诈骗。

（9）编造学生在学校受到意外伤害，对学生家长及亲属实施诈骗。

二、预防诈骗的措施

1. 提高防范意识，学会自我保护

作为学生，要积极参加学校组织的法制和安全防范教育活动，多知道、多了解、多掌握一些防范知识，这对于自己有百利而无一害。

2. 提高甄别能力，保护个人信息

在日常生活中，要做到不贪图便宜，不谋取私利；要提高警惕性，不轻信花言巧语；不要把自己的家庭地址等信息随便告诉陌生人，以免上当受骗；发现可疑人员要及时报告；上当受骗后更要及时报案，使犯罪分子受到应有的法律制裁。

3. 交友谨慎，避免以感情代替理智

对于熟人或朋友介绍的人，要学会“听其言，查其色，辨其行”。交友的最基本原则是：一是择其善者而从之，真正的朋友应该是建立在志同道合、高尚的道德情操基础之上，而不是简单的利益交易关系，要学会了解和观察；二是严格做到“四戒”，即戒交低级下流之辈，戒交挥霍无度之流，戒交吃喝嫖赌之徒，戒交游手好闲之人。

4. 学习防骗知识，共同抵制诱惑

自觉学习了解掌握一些防范知识，同学之间要相互沟通、相互帮助，不要轻易相信陌生电话或来路不明的短信，更不要将钱打到不熟悉的账号或者银行卡上。

第四节　其他治安行为的防范与应对

一、抢劫与抢夺行为的防范与应对

1. 抢夺与抢劫的特征

（1）抢夺。抢夺是指以非法占有为目的，公然夺取数额较大的公私财物，但没有使用暴力威胁等侵犯人身权利的行为。抢夺的本质特征是行为人乘被害人不备或者来不及反抗，夺取财物。

（2）抢劫。抢劫是指以非法占有为目的，以暴力、胁迫或其他方法，强行劫取公私财物的行为。抢劫的本质特征是行为人利用暴力、胁迫或者其他手段压制被害人反抗，在被害人不知、不能或者不敢反抗的情况下，强行劫取财物。

（3）抢夺与抢劫。抢夺和抢劫都是涉及财产的犯罪，目的都是非法占有公私财物。二者的区别主要在于抢夺中的暴力针对的是财物，抢劫中的暴力针对的是被害人；抢夺利用的是被害人的不备或者来不及反抗，抢劫利用的是被害人的不知、不能或者不敢反抗。抢夺罪是趁人不注意时实施抢占他人财物的行为；抢劫罪是使用暴力，或者是使用了胁迫的方式，比如说用语言威胁，“不交出钱我就伤害你”等，以这种形式来达到当场占有他人财物的目的。

根据我国《刑法》以及最高人民法院《关于抢劫、抢夺案件适用法律若干问题的意见》，抢夺在一定条件下转化为抢劫，具备以下情形即以抢劫罪定罪处罚：数额接近“数额较大”标准的；入门或者在公共交通工具上抢夺后在户外、交通工具外实施上述行为的；使用暴力致人轻微伤以上后果的；使用凶器或者以凶器相威胁的；具有其他从重情节的。同时，驾驶机动车、非机动车夺取他人财物的行为，具有以下情形应当以抢劫罪定罪处罚：驾驶车辆，逼挤、撞击或者强行逼倒他人，以排除他人反抗，乘机夺取财物的；驾驶车辆强抢财物时，因被害人不放手而采取强拉硬拽方法劫取财物的；行为人明知其驾驶车辆强行夺取他人财物的手段会造成他人伤亡的后果，仍然强行夺取并造成财物持有人轻伤以上后果的。

实施抢夺公私财物行为，构成抢夺罪，同时造成被害人重伤、死亡等后果，构成过失致人重伤罪、过失致人死亡罪等犯罪的，依照处罚较重的规定定罪处罚。构成抢劫，同时造成被害人重伤、死亡等后果，定抢劫罪，且成立加重情节，起刑点在 10 年以上有期徒刑，最高刑罚可达死刑。

由于抢夺和抢劫这两类犯罪行为同时都侵害了他人的人身权利，而且容易转化为凶杀、伤害、强奸等恶性案件，对个体的人身和财产安全构成严重威胁，影响被侵犯个体的安全感，在一定程度上造成生命健康及精神上的损害，比盗窃犯罪具有更大的危害性，因此一直是公安机关打击的重中之重。这两类犯罪行为在校园里远比盗窃行为发生的少，但也有可能发生，必须积极防范。

2. 防范措施

（1）外出时不要携带过多的现金和贵重物品，若因购物需要必须携带大量现金或贵重物品，应请可靠的同学随行。

（2）现金或贵重物品最好贴身携带，不要置于手提包或挎包内，更不要故意外露或向人炫耀贵重物品。

（3）尽量不要在午休、夜深人静时单独外出，特别是女同学，不要在僻静、黑暗处行走、逗留。若必须通过僻静、黑暗处，最好结伴而行。

（4）发现有人尾随或窥视，不要紧张或露出胆怯神态，可大胆回头多“盯”对方几眼，或大叫同学、老师的名字，并改变原定路线，立即向有人和有灯光的地方行走。

3. 发生抢劫、抢夺时的应对

（1）一旦遇到这种情况，应当以尽量减少损失和人身受到伤害为主进行应对。

（2）遭到殴打、抢劫时，应努力挣脱，尽快逃离，呼救叫喊，以引起周围人的注意。

（3）如果挣脱时有物品带不走，如包被拉住了，也不必顾及这些，以脱身为主。

（4）如果周围没有人，宁可损失点钱物，保住生命，灵活机动，力争脱身。

（5）要注意观察犯罪分子的体貌特征、衣着、作案工具等，为警方采取措施创造条件。

（6）脱身后及时报警。

二、打架斗殴行为的防范与应对

打架斗殴是校园内的一大公害，是在校学生违法违纪行为的主要表现之一。

每一起打架斗殴事件，起因往往都是由一些微不足道的小事引起的。而每次打架事件的发生往往又与酒后滋事、恋爱纠纷、网络交往不当有着直接关系，一旦处理不好就会触犯法律，受到法律制裁。打架斗殴是一种严重扰乱公共秩序的不良行为，极容易导致暴力伤害犯罪。

1. 群体性打架及其危害

群体性打架一般有以下三种类型：

（1）突发性打架斗殴。突发性打架斗殴往往是由偶然起因不能冷静对待而引起的。俗话说："一个巴掌拍不响"，只要一方能够克制，迅速冷静下来，基本上就能避免突发性打架斗殴的发生。

（2）报复性打架斗殴。这类打架一般都有预谋，主要是由于发生纠纷和矛盾的双方在处理问题时互不让步，或一方以强欺弱，或一方不能忍受，往往在发生强烈冲突过后，不服的一方或双方经过准备，寻找机会向对方报复。打架的双方若明白发生报复性打架斗殴的后果和危害，以及由此要付出的沉重代价，就不会轻易动手，从而放弃报复行动。

（3）群体性打架斗殴。群体性打架斗殴即打群架，往往是因为熟人受到别人的"欺负"后，为顾及面子，召集多人，以找对方"评理"为由，帮同学、老乡或朋友"报仇"而进行的群体性斗殴，在校园中最为常见。在生活中遇到类似情况，要想解决问题，可求助于老师或有关学生管理部门，切莫因一时冲动而充当"打手"，不仅害了自己也害了他人。

无论属于哪类打架行为，其危害都是巨大的，极易酿成刑事、治安案件，葬送自己的前程，给自己、他人、家庭带来巨大伤害。

2. 群体性打架防范措施

（1）冷静克制。无论争执由哪方引起，都要保持冷静态度，防止情绪激动。对于那些可能发生摩擦的小事，应学会及时化解或一笑了之。如果能够做到这一点，一切纠纷矛盾都会化为乌有。

（2）加强修养。克服"死要面子，活受罪"的虚荣心理，加强个性修养，培养健康自尊，养成豁达大度、克己忍让、真诚友善的优良品质，不要因小事争高低、论输赢，更不要针锋相对，以牙还牙，把"看不惯"转变为"互为欣赏"，改善"心理不相容"，处理好相互间的争执，做到互相关心、互相照顾、互相谅解，营造一种和谐相处的友谊氛围。

（3）礼貌待人。实践证明，学生中的纠纷多数由口角引起，而口角的发生都是恶语伤人的必然结果。当不小心触犯了别人时，讲一句"对不起""很抱歉""请原谅"，或别人触犯了你，向你道歉时，你回敬一句"别客气""没关系"，这种相互之间的尊重往往会化干戈为玉帛。

三、性侵害的防范与应对

1. 性侵害的类型

性侵害是指加害者以权威、暴力、金钱或甜言蜜语，引诱胁迫他人与其发生性关系，并在性方面造成对受害人伤害的行为。校园中主要的性侵害形式有：

（1）暴力型性侵害。是指犯罪分子使用暴力和野蛮的手段，如携带凶器威胁、劫持受害人，或以暴力威胁加之言语恐吓，对受害人实施调戏、猥亵、强奸等暴力侵害。

（2）胁迫型性侵害。是指犯罪分子利用自己的权威、地位、职务之便，对有求于自己的受害人加以利诱或威胁，从而强迫受害人与其发生非暴力型的性行为。

（3）社交型性侵害。这类性侵害的主体大多是熟人，是指在自己的生活圈子里发生的性侵害，与受害人约会的一般是同学、同乡、朋友，有的甚至是男朋友。受害人受到伤害后，往往出于各种考虑而不敢揭发。

（4）诱惑型性侵害。是指利用受害人追求享乐、贪图钱财的心理，诱惑受害人，而使其受到的性侵害。

2. 预防性侵害的措施

（1）单独外出时的防范措施

1）不要走僻静的道路。单独外出时，避免走偏僻的小路或街道，公园里行人较少的小树林，影剧院、网吧附近的阴暗角落处。

2）尽量避免夜间单独外出。晚上 6 点到早上 6 点是性犯罪高发时段，特别是夏季的夜晚，更是性侵害发案的高峰期。若在此期间单独外出时，要格外小心。

3）不要长时间与异性独处。在密闭的空间与熟悉的人独处时，最容易放松警惕，遭受对方的性侵害。与异性独处时，相处时间不宜过长，也不要轻率地跟随其回家或者去酒店，不要喝对方提供的饮料。

4）独行时，如果发现有人尾随，就尽快改变行走路线，采用逆向候车、突然过街道乘公交车辆的方法，甩掉对方，阻断对方的跟踪。

5）遭遇拦截或纠缠时，要想办法尽快脱身，可就近求助于行人、住户，夜晚可奔向有光亮、有声音的方向。如果处于危险境地，应大声呼喊，以震慑作案分子，瞅准时机迅速脱离。

（2）校内住宿时的防范措施

1）经常进行安全检查，如发现门窗损坏，及时报告学校有关部门修理。

2）回公寓就寝时，要留心门窗是否完好，防止犯罪分子潜伏伺机作案。就寝前要关好门窗，在天热时也不能例外，防止犯罪分子趁人熟睡时作案。

3）夜间如有人敲门，要问清是谁再开门。如遇作案人，寝室的同学要一起呼救，并做好齐心协力反抗的准备。夜间去寝室外上厕所时，最好约同伴一起，并带上电筒，上厕所前先仔细查看一下。

4）遇周末或节假日最好不要独自一人住宿。

遇到陌生人欲实施性侵害，应尽量保持冷静，与对方周旋，迫使对方放弃；遇到熟人欲实施性侵害，应明确表示反对，态度更要坚决。

3. 发生性侵害后的应对

（1）及时报案不拖延。一旦遭遇性侵害事件，要打消顾虑，及时向有关部门报案，不能因为害怕名誉受损，将苦果自己咽下去，这样会使犯罪分子逍遥法外，也会使更多女性受害。

（2）配合调查要积极。性侵害发生后，在报案的同时，被害人要将侵害的有关物证保留好，并将犯罪分子的体貌特征、衣着打扮、受伤状况等情况如实地向有关调查人员反映，为公安机关破案提供线索。

（3）心态调整不极端。要在吸取教训的同时，及时调整心态，尽快从阴影中走出来。学会依靠组织和运用法律武器保护自己。千万注意不能“私了”，“私了”常会使犯罪分子得寸进尺，可能造成进一步伤害。

思考

1. 简述社会治安综合治理的工作方针和主要任务。

2. 如何防范校园盗窃？

3. 根据校园诈骗的类型，谈一谈如何防范诈骗。

讨论

动粗划算不划算？河南警方张贴“打架成本清单”，这份“打架成本清单”为市民算了几笔细账：轻微伤打架的直接成本＝5～15日拘留＋500～1 000元罚款＋医药费、误工费等赔偿＋因拘留少挣的工资；轻伤打架的直接成本＝3年以下有期徒刑＋20 000元左右的赔偿金＋医药费、误工费等赔偿＋因拘留少挣的工资；重伤打架的直接成本＝3年以上有期徒刑、无期徒刑、甚至死刑＋无尽的后悔……打架附加成本＝前科劣迹＋心情沮丧郁闷＋名誉形象受损＋家人朋友担忧＋生意工作遭受重大损失。

实践

发现有人跟踪怎么办？

上学和放学的路上，最好与同学结伴而行，遇意外时可以互相帮助。当发现有人一直跟着你时，不用害怕，尽快走到繁华热闹的街道、商场等地方，想办法摆脱尾随者。

确定尾随者的方法：突然过马路，然后再走过来，如果依然跟随着，则可以确定为尾随者。

摆脱尾随者的方法：

1. 向路边较大的单位求救，如去机关单位的值班室。

2. 向身边的大人求救。如果是在校门口，就给家里打电话，让大人来接。

3. 向公交站台走，乘公交车、地铁上车后，如尾随者也上车，在车快要启动时，突然下车，将尾随者甩掉。

当只有你一个人时，要保持警惕，多动脑筋。同时，在生活中要多观察，记住家庭、学校周围的地理环境特点，尤其应熟悉派出所、治安岗亭、机关单位的地点，在紧急情况下可以在这些地方得到帮助。

延伸阅读

珍爱生命，珍视自己

在一堂心理健康教育课上，老师让所有学员做了一道选择题：让每一位在场的学员在纸上写下自己一生中最重要、最亲近、最挚爱的10个人的名字，然后在这10个人里面，划掉一个自己认为不太重要的人，然后再划掉一个，再划掉一个……最后，当纸上只剩下了父母、爱人和孩子的时候，在场的许多人再也划不下去了。可是，老师依然要让学员在这3个人中做选择。到了这时，所有学员都感到了选择的沉重和残酷，许多人迟疑着，艰难地做着选择，甚至有的人当场就哭了，含着眼泪划掉了父母的名字。可是老师依然不肯结束，让学员在爱人和孩子中再做选择……

选择题做到这里，如果让你选择，你会把谁留下？不管答案如何？无论做出哪一个选择，都会从内心深处体验到一种难以割舍的痛苦。是的，这是最难的选择，父母、孩子和爱人舍弃哪一个都会有撕心的疼痛。你如此，大家都是如此。每个人都有自己的家庭，每个人都有自己生命中最重要的人。父母对于孩子视为骨肉难以分离，孩子对父母一往情深血脉相连。在我们生命里最重要的人当中，无论谁从我们的生命中消失，都是非常难以接受的。这道选择题并不仅仅是为了让你知道谁是你生命中最重要的人，而是让大家真正认识到：生命对谁都很重要。当我们认识到生命对谁都很重要的时候，就要在善待自己的时候，也要学会善待别人。珍爱生命，珍视自己。

第七章　自然灾害应对

【内容提要】

本章介绍常见自然灾害基本知识，包括水灾、地震安全常识与预防措施。

【学习目标】

1. 了解常见自然灾害知识，防范自然灾害带来的伤害。

2. 掌握水灾安全常识及预防，避免溺水和雷电危害。

3. 掌握地震安全常识与预防，学会应急逃生技巧。

【关键词】

自然灾害　水灾　地震　预防与应对

自然灾害是人类赖以生存的自然界中所发生的异常现象。其中，水灾和地震给人类的生命及财产能造成巨大的损失。如果我们掌握灾害发生前的紧急预案措施和发生后的基本自救常识，就能把损失降低到最低。

第一节　水灾与预防

火灾泛指洪水泛滥、暴雨积水和土壤水分过多对人类社会造成的灾害。水灾威胁人民生命安全，造成巨大财产损失，并对社会经济发展产生不良影响。

在各种自然灾害中，水灾是最常见且危害最大的一种。其中，洪水出现频率高，波及范围广，来势凶猛，破坏性极大，造成水灾危害。

一、水灾的危害

1. 导致人员伤亡

洪水灾害直接淹没人口引起死亡或冲塌房屋致人死伤，同时卷走人居留地的一切物品，淹没农田，毁坏作物，破坏工厂厂房、通信与交通设施。这是洪水灾害对人类最直接的危害。

2. 引发疾病流行

洪水过后，往往引发各种疾病的传播和流行。洪水会淹没厕所、垃圾堆、禽畜棚舍而被污染，这些污水又淹没食品、物品；洪水带来大量垃圾，若不及时清理，会成为老鼠、蟑螂、苍蝇、蚊子的乐园；受污染的洪水淹没自来水厂、水井，还可严重污染饮用水水源，极易传播伤寒、肝炎、霍乱、痢疾、感染性腹泻等肠道传染病。

3. 降低个体免疫力

受灾时食物匮乏，造成受灾群众营养不良、免疫力降低，易于感染传染病。由于人们受灾时心情焦虑、情绪不安、精神紧张和心理压抑，也易增加一些非传染的慢性病的发作机会，如肺结核、高血压、冠心病及贫血等都可因此而复发或加重。

现在，各地气象部门都会及时发布气象预报。密切关注气象部门发布的暴雨预警信息（按其严重程度可分为蓝、黄、橙、红四级预警），可根据对应的等级采取相应的预防措施。

二、防灾自救

1. 严重的水灾通常发生在河流、沿海地带以及低洼地带。如果住在这些地方，特别是处在低洼地带的学校，当遇有连续暴雨或大暴雨时必须格外小心，要时刻观察房屋周围的溪河水位变化。特别是晚上，更应十分警觉，随时做好安全转移的准备，按照预定路线和目的地撤离。

2. 接到暴雨预报时，应备足食品、衣物、饮用水、生活日用品和必要的医疗用品，妥善安置家庭贵重物品。如果洪水涌进屋内，要立即设法爬上房顶、就近高处或大树上，暂时避难，等待救援人员的到来，千万不能独自游泳转移。

3. 保存好尚能使用的通信设备，收集手电、口哨、镜子、打火机、色彩艳丽的衣服等可作为信号用的物品，做好被救援的准备。如在山区遇到连降大雨，应避免渡河，以防被山洪冲走，还要注意防止山体滑坡、泥石流的伤害。

4. 如果被水冲走或落入水中，要保持镇定，尽量抓住水中漂浮的木板、箱子、衣柜等物。如果离岸较远，周围又没有其他人或船，就不要盲目游动，以免体力消耗殆尽。无论遇到何种情形都不要慌乱，要学会发出求救信号，如晃动衣服或树枝、大声呼救等。

5. 水灾过后，发现高压线铁塔倾倒、电线低垂或断折，要远离避险，不可触摸或接近，防止触电。还要做好卫生防疫工作，避免发生传染病。

第二节　地震与预防

一、地震常识

地震是地球内部介质局部发生急剧破裂而产生的震波在一定范围内引起地面振动的现象。地震像海啸、龙卷风、冰冻灾害一样，是地球上经常发生的一种自然灾害。地震是极其频繁的，全球每年发生地震约 550 万次。地震的级别根据地震时释放的能量大小而定。小于里氏规模 2.5 级的地震，人们一般不易感觉到，称为小震或微震；里氏规模 2.5~5.0 级的地震，震中附近的人会有不同程度的感觉，称为有感地震，全世界每年大约发生十几万次；大于里氏规模 5.0 级的地震，会造成建筑物不同程度的损坏，称为破坏性地震，破坏性地震破坏房屋等工程设施，常常造成严重的人员伤亡，同时还易引起火灾、水灾、有毒气体泄漏、细菌及放射性物质扩散，造成海啸、滑坡、崩塌、地裂缝等次生灾害。

二、地震发生后的应对与逃生

1. 地震发生后的应对

保持镇静在地震中十分重要，面对地震始终要保持镇静，分析所处环境，寻找出路，等待救援。

（1）家庭避震。地震发生时，如果身居家中，可以采取以下措施：

1）选择合适避震空间，抓紧时间紧急避险。室内较安全的避震空间有承重墙墙根、墙角，有水管和暖气管道等处。室内最不利避震的场所是没有支撑物的床上，吊顶、吊灯下，周围无支撑的地板上，玻璃（包括镜子）和大窗户旁。

2）做好自我保护。镇定地选择好躲避处后应蹲下或坐下，脸朝下，额头枕在两臂上；或抓住桌腿等身边牢固的物体，以免震时摔倒或因身体失控移位而受伤；保护头颈部，低头，用手护住头部或后颈；保护眼睛，低头、闭眼，以防异物伤害；保护口、鼻，有条件时可用湿毛巾捂住口、鼻，以防吸入灰土、毒气。

（2）公共场所避震。在公共场所遇到地震时，不要慌乱，否则易造成秩序混乱，人群相互压挤而导致人员伤亡。应有组织地从多路口快速疏散，要避开人流，避免被挤到墙壁或栅栏处。

1）在影剧院、体育馆等处：就地蹲下或趴在排椅下；注意避开吊灯、电扇等悬挂物；用书包等保护头部；等地震过去后，听从工作人员指挥，有组织地撤离。

2）在商场、书店、展览馆、地铁等处：选择结实的柜台、商品（如低矮家具等）或柱子边，以及内墙角等处就地蹲下，用手或其他东西护头；避开玻璃门窗、玻璃橱窗或柜台；避开高大不稳或摆放重物、易碎品的货架；避开广告牌、吊灯等高空悬挂物。

3）在行驶的电（汽）车内：抓牢扶手，以免摔倒或碰伤；降低重心，躲在座位附近，地震过去后再下车。如果正在街道上，绝对不能跑进建筑物中避险，也不要在高楼下、广告牌下、狭窄的胡同、桥头等危险地方停留。

（3）学校避震。如果在校期间发生地震，应注意以下几点：

1）正在上课时发生了地震，不要惊慌失措，更不能在教室内乱跑或争抢外出。靠近门的同学可以迅速跑到门外；中间及后排的同学可以尽快躲到课桌下，用书包护住头部；靠墙的同学要紧靠墙根，双手护住头部。

2）在操场或室外时，可原地不动蹲下，双手保护头部，注意避开高大建筑物或危险物。千万不要地震一停，就立即回教室取东西，因为第一次地震后接着会发生余震。

3）震后应当有组织地撤离。

2. 应急逃生技巧

一般来讲，破坏性地震从人感觉震动到建筑物被破坏平均只有 12 秒钟，即地震心理学上的“12 秒自救机会”，若能镇定地在这短短的 12 秒内迅速躲避到安全处，就能给自己提供自救机会。地震虽然是人类无法避免和控制的，但只要掌握一些技巧，也可以从灾难中将伤害降到最低。如果地震来了，此时你该做些什么？

破坏性地震突然发生时，采取就近躲避、震后迅速撤离的方法是应急避险的最好办法。当然，如果身处平房或楼房一层，能直接跑到室外安全地点也是可行的。1556 年陕西华县 8 级大地震有这样的记载：“卒然闻变，不可疾出，伏而待定，纵有覆巢，可冀完卵。”意思是说，突然发生地震时，不要急着向外逃，而要躲避一时等待地震过去，还是有希望存活的。“伏而待定”，高度概括了紧急避震的一条重要原则。这是因为地震时根本来不及跑到楼外，反倒会因人群在楼道中拥挤践踏而造成伤亡；地震时进入或离开建筑物时被砸死砸伤的可能性最大；地震时房屋门窗变形，很可能打不开门窗而失去求生时间；特别是大地震时，人站立和跑动都十分困难。由此说明，在地震发生时，应因地制宜，就近避震，“伏而待定”。

如果在室内，应就近躲到坚实的家具下，如写字台、结实的床，也可躲到墙角或管道多的卫生间和厨房等处。注意不要躲到外墙窗下、电梯间，更不要跳楼，这些都是十分危险的。

如果在教室里，要在教师指挥下迅速抱头、闭眼，蹲到各自的课桌下。地震一停，迅速而有秩序地撤离，撤离时千万不要拥挤。

如果在影剧院、体育场或饭店，要迅速抱头卧在座位下面；也可在舞台或乐池下躲避；门口的观众可迅速跑出门外。

如果在室外，要尽量远离狭窄街道、高大建筑、变压器、玻璃幕墙建筑、高架桥和存有危险品、易燃品的场所。地震停下后，为防止余震伤人，不要轻易跑回未倒塌的建筑物内。

如果在大型超市，应就近躲藏在柱子或大型商品旁，但要尽量避开玻璃柜。在楼上时，要看准机会逐步向底层转移。

如果在车间里，应就近蹲在大型机床和设备旁边，但要注意避开电源、气源、火源等危险地点。

如果在行驶的汽车或火车内，应抓牢扶手，以免摔伤、碰伤，同时要注意行李掉下来伤人。地震后迅速下车向开阔地转移。

无论在何处躲避，都要尽量用棉被、枕头、书包或其他软物体保护头部。如果正在使用明火，应迅速把明火灭掉。

除了“伏而待定”这一原则外，地震时还应注意不要顾此失彼。地震时被压埋的人员绝大多数是靠自救和互救存活的。自救和互救是大地震发生后最先开始的基本救助形式。

（1）自救。地震中被倒塌建筑物压埋的人，只要神志清醒，身体没有重大创伤，都应该坚定获救的信心，妥善保护好自己，积极实施自救。自救原则包括：

1）尽量用湿毛巾、衣物或其他布料捂住口、鼻和头部，防止灰尘呛闷发生窒息，也可以避免建筑物进一步倒塌造成的伤害。

2）尽量活动手、脚，清除脸上的灰土和压在身上的物件。用周围可以挪动的物品支撑身体上方的重物，避免进一步塌落；扩大活动空间，保持足够的空气。

3）几个人同时被压埋时，要互相鼓励，团结配合，必要时采取脱险行动，共同寻找和开辟通道，设法逃离险境。若一时无法脱险，要尽量节省气力。如能找到食品和水，要计划着节约使用，尽量延长生存时间，等待获救。

4）保存体力，不要盲目大声呼救。当确定不远处有人时，再呼救。在听到上面（外面）有人活动时，用砖、铁管等物敲打墙壁，向外界传递消息。

（2）互救。互救是指已经脱险的人和专门的抢险营救人员对困在废墟中的人进行营救。为了最大限度地营救遇险者，应遵循以下原则：

1）先救容易救出的人员，也就是“先易后难”；

2）先救近处被压埋人员，也就是“先近后远”；

3）如果有医务人员被压埋，应优先营救，以增加抢救力量，找寻被压埋的人；

4）先救轻伤和强壮人员，扩大营救队伍，也就是“先轻后重”，抢救出来的轻伤幸存者可以迅速充实扩大互救队伍，更好地展开救助活动；

5）先救医院、学校、旅馆等人员密集的地方，也就是“先多后少”。

合理科学的救助方法可以更多更好地救出被压埋人员，因此，掌握一定的技巧和要领是保持救助成果的必要条件。而应急逃生和救助技巧，也不是一日之功，需要平时进行定期严谨务实的防震灾、消防演练，并形成常态。曾经被网友称为“震后最牛中学”的北川中学，就经常组织应急逃生演练，随处都可以看到诸如“责任高于一切，成就源于付出”之类的校园安全标语。因此，汶川大地震发生后，老师们接到家长的电话，毫无愧色地告诉家长：“我们学校，学生无一伤亡，老师无一伤亡。”但是，只有这所学校的老师和学生知道，在这地震后无一人伤亡的背后是怎样的付出。

思考

1. 常见的自然灾害有哪几种？如何有效防范水灾？

2. 在地震发生时如何应急逃生？

讨论

每年暑假，家长忧心忡忡，学校郑重提醒，社会年年呼吁，然而，暑期学生溺水身亡事件频发，仍是炎炎夏季里沉重的话题。请同学们根据耳闻目睹的溺水事件，谈谈安全第一、预防为主的重要性。

实践

哪种逃生方式最“靠谱”

关于地震时如何逃生的各种方法充斥网络，其中最引人注目的就是“黄金逃生 12 秒”，即发生破坏性地震时从人体感觉地震到房屋大面积垮塌，大约有 12 秒的过程，人们可利用这点时间采取逃生自救措施。短短 12 秒钟能做些什么？哪种逃生方法更靠谱？在应急逃生演练中我们得到了验证。

实验内容：12 秒能完成哪些逃生方式

实验场地：普通教学楼

实验人员：学生志愿者

实验原理：志愿者分别从各个楼层向楼下跑，看 12 秒时间内能够跑到几楼；志愿者就近寻找三角避震带，计时判断 12 秒是否足够。

为模拟地震发生时的紧迫感，志愿者均被要求在确保安全的前提下以最快速度往楼下跑。结果，在 12 秒时间内，最快的志愿者跑了两层楼。也就是说，地震发生时，“黄金逃生 12 秒”最多只够跑完两层楼。

经测算，用于实验的楼每层 16 级台阶，每级台阶耗时 0.3 秒左右。可参照这一数据，测算自己从所在楼层到跑下楼的耗时。

12 秒时间是否足够寻找三角避震带呢？无论哪一个房间都能很轻易地找到理论上的三角避震带（即当地震来临时，垮塌物会在大型、沉重的物体周边形成狭小的三角空间，躲在这个三角空间内就可能挽救生命）。

演练证明，所有志愿者基本都能在 6 秒左右顺利找到最近的三角避震带，甚至还有时间从冰箱里拿一瓶矿泉水以备不时之需。这足以说明，地震来临时，至少有 6~9 秒可以逃生，12 秒完全足够就近寻找三角避震带。

实验结果：

1. 跑楼梯：12 秒只够跑完两层。

2. 寻找避震带：12 秒时间非常充裕。

结论：“黄金逃生 12 秒”的说法有一定科学依据，至于采取什么样的逃生措施，则要视周边环境而定。肯定地说，三角避震带是有道理的。房间中可能会有很多理论上的三角避震带，当地震来临时，应该迅速找个大型、沉重的物体或小面积的房间，周边会形成狭小的三角空间，在条件允许的情况下要优先选择厕所和厨房。这些地方由于多是承重墙，不易垮塌，而且容易找到水源。其次才是有支撑的柱、柜、桌凳下面。对于砖木结构的房屋，选择三角带时则要注意远离墙体。高层楼房不要采取下楼逃生。目前的建筑物抗震烈度为6度，表示当地震烈度为4.5度时，房屋一般不会损坏或不需修理仍可继续使用；烈度达到6度时，房屋经一般修理或不需修理仍可继续使用；烈度达到7.5度时，房屋不致倒塌或发生危及生命的严重破坏。所以，即使7.5度的地震也不会导致房屋垮塌，向外跑反而容易被掉落物砸中而危及生命。

延伸阅读

认识生命的“三角区”

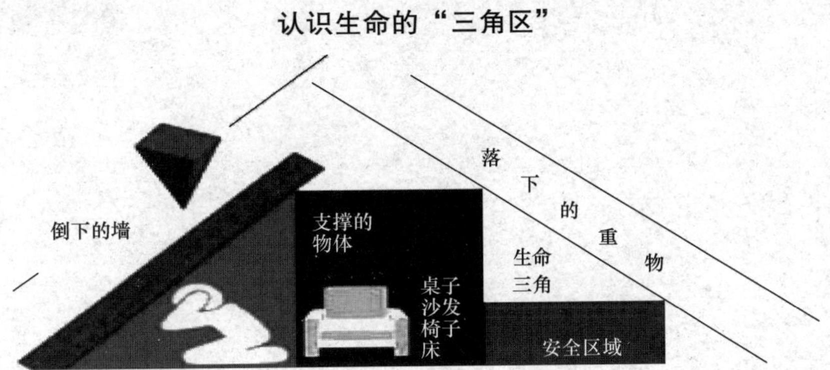

学过几何学的人都知道，三角形是平面图形中最稳固的形状。学生、家长、学校，如果用安全的铆钉联系在一起，那么校园就可以成为一个和谐的“铁三角”。地震虽然目前是人类无法避免和控制的，但只要掌握一些技巧，也是可以从灾难中将伤害降到最低的。建筑物倒塌落在物体或家具上后，靠近它们的地方会留下一个空间，这个空间被称作“救命三角区”。物体越大、越坚固，被挤压的余地就越小。而物体被挤压得越小，这个空间就越大，于是利用这个空间的人免于受伤的可能性就越大。就地躲避是应急避震较好的办法，震后再迅速撤离到安全地方。据对唐山地震中874位幸存者的调查，其中有258人采取了应急避震措施，188人安全脱险，成功者约占采取避震行动者的72%。只要事先掌握一定的避震知识，地震来临时抓住时机，冷静判断，正确选择避震方式和避震空间，就有可能劫后余生。避震应选择室内结实、能掩护身体的物体下面或旁边，容易形成三角空间的地方。只要墙体家具足够结实，室内就有救命三角区。承重墙下沙发、床、矮柜等长方形的横式物品，能直接作为救命三角区，因为它们本来就处于放倒状态；如果将电冰箱、立式空调等物品放倒，也能用来躲避地震。当然，救命三角区不是唯一的避险方法，是躲是逃，要从实际出发，关键是沉着冷静做出判断。

原则一：因地制宜，正确抉择。震时每个人所处的环境、状况千差万别，避震方式也不可能千篇一律，要具体情况具体分析。这些情况包括：是住平房还是住楼房，地震发生在白天还是晚上，房子是不是坚固，室内有没有避震空间，所处的位置离房门远近，室外是否开阔、安全。

原则二：行动果断，切忌犹豫。避震能否成功，就在千钧一发之际，决不能瞻前顾后，犹豫不决。如在平房避震时，更要行动果断，或就近躲避，或紧急外出，切勿往返。

提前预报地震，目前无论哪个国家都做不到。对于有关哪里要发生地震的传言，说得越准确越不可信，一定要听取地震专业部门的权威发布。对待地震谣传，要做到不相信、不传播、及时报告。学习地震常识，消除恐震心理，面对自然灾害我们才会临危不惧。

第八章　国家安全

【内容提要】

本章主要介绍国家安全基本知识，明确危害国家安全的各种行为，树立国家整体安全观，保障我国信息安全、文化安全和生态安全。

【学习目标】

1. 掌握国家安全基本知识，明确危害国家安全的行为，自觉树立国家安全观。

2. 掌握国家政治安全基本知识，明确危害政治安全的行为，自觉维护政治安全。

3. 掌握国家文化安全基本知识，积极维护文化安全。

4. 掌握国家生态安全基本知识，自觉维护生态安全。

【关键词】

国家安全　政治安全　文化安全　生态安全

安，乃人之根本——安居乐业、安身立命、幸福安康……安，于国而言，更是如此——安邦固本、居安思危、长治久安……国家安全是一个国家生存和发展最基本、最重要的前提。有国才有家，国的安全，需要我们共同来维护。

改革开放以来我国所取得的巨大发展成就，正是得益于和平稳定的国内国际环境。随着经济快速发展和综合国力的增强，我国国家安全形势发生了巨大变化，维护国家安全的任务和要求也发生了变化。历史一再证明：盛世并不意味着永享太平。当今世界正处在大变革大调整时期，虽然和平与发展仍是时代主题，但各种可以预见和难以预见的安全风险挑战前所未有。我国的国家安全工作由国家安全部统一管理。2013 年 11 月，中国共产党十八届三中全会公报提出设立国家安全委员会。这既是推进国家治理体系和治理能力现代化、实现国家长治久安的迫切要求，也是全面建成小康社会、实现中华民族伟大复兴中国梦的重要保障。

2014 年 4 月 15 日，在中央国家安全委员会第一次会议上，国家主席习近平提出总体国家安全观。他指出，当前我国国家安全内涵和外延比历史上任何时候都要丰富，时空领域比历史上任何时候都要宽广，内外因素比历史上任何时候都要复杂，必须坚持总体国家安全观，以人民安全为宗旨，以政治安全为根本，以经济安全为基础，以军事、文化、社会安全为保障，以促进国际安全为依托，走出一条中国特色的国家安全道路。

第一节　国家安全基本知识

《中华人民共和国国家安全法》（以下简称《国家安全法》）第十四条规定：“每年 4

月15日为全民国家安全教育日。”在《国家安全法》中设立全民国家安全教育日，有助于帮助全体公民认清国家安全形势、增强危机忧患意识、树立国家安全观念，为维护国家安全做出应有贡献。为此，必须动员全社会的力量，通过国家安全观教育、爱国主义教育、主权意识教育、公民国家责任教育、法律意识教育等方式，牢固树立起国家利益和国家安全高于一切的集体认同，将国家安全教育纳入国民教育体系，积极应对信息时代挑战，依法维护国家安全，最终实现人民安居乐业，社会和谐稳定，国家长治久安，民族兴旺繁荣。

每个人最关心的就是安全问题，没有国家安全就没有个人安全。

一、国家安全的内容

1. 国家安全的定义

《国家安全法》对国家安全进行了定义：国家安全是指国家政权、主权、统一和领土完整、人民福祉、经济社会可持续发展和国家其他重大利益相对处于没有危险和不受内外威胁的状态，以及保障持续安全状态的能力。在2014年国家安全委员会举行的第一次会议上，习近平主席首次提出要构建集政治安全、国土安全、军事安全、经济安全、文化安全、社会安全、科技安全、信息安全、生态安全、资源安全、核安全等于一体的国家安全体系。“知为行之始，行为知之成。”许多人对国家安全存在着种种模糊的认识，对国家安全还停留在军事、战争、国防、领土、情报、间谍这样一些传统的、局部的认识上。因此，进行全方位的国家安全教育，丰富国家安全知识，树立新的国家安全观势在必行。

“家是最小国，国有千万家。”国不安，何来家之安宁？任何一个领域如果出现安全隐患，严重起来都可能影响到整个国家安全利益，都会损害公民切身利益。

当前我国正处于发展战略机遇期、深化改革攻坚期与安全风险高发期叠加，生存安全问题和发展安全问题、传统安全威胁和非传统安全威胁交织的特殊时期，每一个人都应从自身做起，进一步增强国家安全意识，明确应担负的责任和义务，增强明辨是非的能力，不做有损国家安全的事，敢于同损害国家安全的人或事做斗争。

有国家就有国家安全工作。无论处于什么社会形态，或者实行怎样的社会制度，国家利益都是最高、最根本的利益，维护国家安全是首要任务。所以，我们每一个公民都应当成为国家安全和利益的自觉维护者。

2. 维护国家安全的任务

《国家安全法》第二章明确了维护国家安全的任务。其中第十五条：“国家防范、制止和依法惩治任何叛国、分裂国家、煽动叛乱、颠覆或者煽动颠覆人民民主专政政权的行为；防范、制止和依法惩治窃取、泄露国家秘密等危害国家安全的行为；防范、制止和依法惩治境外势力的渗透、破坏、颠覆、分裂活动。”

二、树立国家安全观

1. 要始终树立国家利益高于一切的观念。国家安全是国家和民族生存和发展的首要保障。把国家安全放在高于一切的地位，既是国家利益的需要，也是个人安全的需要。因此，应遵守宪法、法律法规关于国家安全的有关规定，及时报告危害国家安全活动的线索，如实提供所知悉的涉及危害国家安全活动的证据。

2. 要善于识别各种伪装。某些从事间谍活动的人常用交朋友、做学术研究、出国经济担保、旅游观光、访问学者等五花八门的手段，套取国家秘密、科技政治情报和内部情况，如果丧失警惕，就可能上当受骗，甚至违法犯罪。在对外交往中，既要热情友好，又要内外有别，不卑不亢；既要珍惜个人友谊，又要牢记国家利益；既要争取各种帮助、资助，又要不失国格、人格。

3. 要克服妄自菲薄、崇洋媚外等不正确思想。作为中国人要挺直腰板，坚定"四个自信"，自立自强，决不丧失骨气。

4. 积极配合国家安全机关的工作，严守党和国家的秘密。为国家安全工作提供便利条件或者其他协助；向国家安全机关、公安机关和有关军事机关提供必要的支持和协助；保守所知悉的国家秘密等；收到各种反动宣传品，不要传看，要及时交到学校保卫部门。

5. 任何组织和个人发现危害国家安全的情况和线索，均可以拨打国家安全机关"12339"举报电话进行举报。

随着经济全球化的快速发展，个人的国际交往日益频繁，使得个人在国家安全中的分量日益增加。近年来，网络间谍、个人泄密等事件屡见不鲜，个人已经成为国家安全的重要主体。维护国家安全，需要发挥每个公民的力量。

第二节　国家政治安全与维护

我国的"总体国家安全观"是多个领域安全共同组成的安全体系。其中，国家政治安全在国家安全体系中是根本、是核心。政治安全决定和影响着国家的经济安全、军事安全、社会安全等各个领域的安全。维护国家政治安全是实现"两个一百年"奋斗目标的战略举措。

一、国家政治安全的内容

1. 国家政治安全的定义

国家政治安全是指国家主权、领土、政权、政治制度、意识形态等方面免受各种侵袭、干扰、威胁和危害的状态。从这个意义上讲，我国政治安全的内涵主要包括国家主权安全、政权稳固与政治制度、意识形态安全和社会稳定四个方面内容。主权独立与领土完整是国家政治安全的第一标志要素。主权独立与领土完整是国家生存和发展的前提和保障。政权稳固是国家政治安全的根本保证，它是政治安全的决定性因素。我国的历史发展和现实国情决定了必须坚持中国共产党的领导，坚持社会主义制度，这是我国政治安全的核心与根本。意识形态是维系国家和民族的灵魂。社会稳定是政治安全的社会基础。

2. 我国政治安全历史沿革

中华民族之所以能够实现由站起来、富起来到强起来，一个很重要的原因就是在中国共产党的领导下，坚决维护和保持了国家的政治安全。在 2011 年公布的《中国的和平发展》白皮书中，首次明确界定了中国的六项国家核心利益，其中四项属于国家政治安全的范畴。正是由于国家政治安全的坚强保障，中国社会保持着稳定有序的政治秩序，能够集中力量办大事，能够统筹推进“四个全面”战略部署和“五位一体”战略目标，能够有效抵御外界干扰侵蚀，克服各种困难，保持发展的强大生机活力。

二、新时代维护国家政治安全的新要求

新时代面临新挑战、新要求。维护国家政治安全，要从现实矛盾和重点方向出发，全面提升防范应对各类风险挑战的能力，确保国家长治久安、人民安居乐业。

1. 维护国家政治安全，必须维护国家主权独立与领土完整，确保中华人民共和国主权和领土不受侵犯、国家不被分裂。《中华人民共和国宪法》规定，中国公民负有维护国家统一和各民族团结的义务，负有保卫祖国、抵抗侵略的神圣职责。今天的中国政治稳定、社会进步、国力强盛，只要我们坚持合作共赢，走和平发展道路，同心同德、万众一心、艰苦奋斗、开拓进取，必将创造出更加辉煌的成就。每一个中国人都要把国家的安全、荣誉和利益放在高于一切的位置，与祖国同呼吸共命运。当祖国的领土和主权受到外来侵略时，自觉地担负起保卫祖国的神圣职责；当国家的利益受到损害时，敢于同一切损害国家利益的行为做坚决的斗争，同一切破坏民族团结和祖国统一的思想、行为进行坚决的斗争；当个人利益与国家利益发生矛盾时，个人利益应服从国家利益。

2. 维护国家政治安全，必须坚决守住维护政权稳固、政治制度和社会政治秩序稳定的底线。经济全球化、社会信息化，使得各国相互联系和相互依存日益加深。我们要不断增强忧患意识，更加敏锐地应对国际政治环境的变化，积极推进国家治理体系和治理能力现代化，共同推动人类命运共同体建设，将积极促进和维护社会公平正义、增进人民福祉作为自己的出发点和落脚点，坚决守住维护政权稳固、政治制度和社会政治秩序稳定的底线。

3. 维护国家政治安全，必须坚持用社会主义核心价值体系武装头脑。维护国家政治安全，要加强校报、校刊、校内广播电视管理，严格社团、课堂、讲座和网络的纪律，用社会主义核心价值体系引领校园文化建设，大力开展丰富多彩、积极向上的科技、体育、

艺术等文体活动，弘扬主旋律、突出高品位，以体现社会主义特点、时代特征和学校特色的校园文化保证政治安全。

第三节 国家文化安全与维护

安全，关乎人民的最基本利益。安全，也是一个国家屹立于当今世界的基础。维护人民利益，保障人民安全，是国家的最基本职责。国家安全，是国家担负起保障人民安全职责的根本前提；国家安全，是人民幸福安康的基本要求，是安邦定国的重要基石。党的十九大报告强调："坚持总体国家安全观。统筹发展和安全，增强忧患意识，做到居安思危，是我们党治国理政的一个重大原则。"

所谓总体国家安全观，就是系统、全面地定位和把握国家安全问题。总体国家安全观，从提出那天起，就有着空前丰富的内涵和外延。必须坚持国家利益至上，以人民安全为宗旨，以政治安全为根本，统筹外部安全和内部安全、国土安全和国民安全、传统安全和非传统安全、自身安全和共同安全，完善国家安全制度体系，加强国家安全能力建设，坚决维护国家主权、安全、发展利益。

人的生存，不只需要物质力量，也需要精神力量。对一个国家来说，也是如此。一个民族的崛起或复兴，必须以自强自立的民族精神的崛起为先导，一个文明的衰落或覆灭则往往以自强自立的民族精神的萎靡为先兆。维护国家安全仅靠军事和经济是不够的，还需要有一种精神、一种凝聚力。百年前甲午海战清朝的惨败，不是经济力量不够强大，中国当时的经济总量仍居世界前列；也不是军事力量不够强大，当时中日之间武器装备差距也不大。除了体制原因外，是缺少一种内在的人文精神。中国人民抗日战争使中华民族的觉醒和团结达到了前所未有的高度。是什么样的力量让中华民族凝聚一心？是什么样的精神支撑中华民族在无比艰难的情况下进行全面抗战和持久抗战？回顾历史，我们清晰地看到，这种力量离不开中国共产党领导下民族意识的空前觉醒，离不开全民族优秀儿女对中华民族文化认同汇聚起的磅礴力量。

一、国家文化安全的内容

1. 文化

文化是在人类历史发展过程中，一定的社会群体所共同创造和拥有的物质和精神财富的总和，包括物质层面、制度层面和观念层面。其中，观念层面的文化是核心，具有统领和制约其他层面的深层作用，如信仰、风俗、传统、价值观、生活方式、行为模式等。而对一个民族、一个国家的兴衰发展产生决定性影响的因素，是这个社会以什么样的精神文化为主流。

文化是一个民族的集体记忆，是民族文化身份和独特个性的象征，是培育民族精神的土壤，是人们赖以栖息的精神家园。

文化是经济社会发展的不竭动力，是满足人民精神生活需求的重要途径。

文化是国家的名片，是综合国力的重要标志。文化代表着一个国家和民族的文明程度、发展水平，是国家战略实力的体现。

历史经验表明，没有文化的积极引领，没有人民精神世界的极大丰富，没有全民族精神力量的充分发挥，一个国家、一个民族不可能屹立于世界民族之林，在国际舞台上不可能处于不败之地。离开了文化的支撑，即使有繁荣的经济，强国地位也难以确立、难以巩固。

综合来讲，文化是一种凝聚力、竞争力、影响力。文化的作用，一是引领风尚、教育人民、服务社会、推动发展；二是满足人民过上美好生活的精神需求，包括经济的发展、政治的文明、社会的和谐、生态的美丽、文化的复兴，其中，文化的复兴及其所达到的高度和成就，较之经济和政治更具竞争力、生命力。因此，我们必须大力推动文化发展繁荣，不断增强文化自觉、文化自信和文化自强，弘扬中国精神，凝聚中国力量，建设面向现代化、面向世界、面向未来的社会主义先进文化，不断增强中华文化的核心竞争力，确保本国的文化安全。

2. 国家文化安全的定义

国家文化安全是指一国在文化、精神生活方面不受外来文化的干扰、控制或同化，从而保持本民族的价值观念、生活方式的民族性，以及本国意识形态的自主性。

（1）国家文化安全的特点。国家文化安全具有以下特点：

1）国家文化安全具有相对独立性。国家文化安全不仅仅指文化领域的斗争和较量，还与经济安全、政治安全、军事安全等共同构成一个完整的国家安全综合体系。同时，国家文化安全也渗透到社会的方方面面，对其他安全起着某种引导、促进和规范作用。

2）国家文化安全是一种无形的“软安全”，具有隐蔽性。从力量构成来看，经济、军事等属于硬实力，文化则属于软实力。相对于经济、军事等“硬安全”来讲，文化安全属于“软安全”。文化安全深藏于国家安全中，是其他安全难以比拟的。

3）国家文化安全具有较强的稳定性，轻易不受外来文化影响，是国家安全中最牢固、最不易被摧毁的。

4）国家文化安全的外层具有可侵蚀性和剥离性。文化安全的外层在外来文化的冲击下所受的侵蚀最严重，而里层文化则处于坚固守卫的防范状态。

（2）国家文化安全的内容。国家文化安全包括四个方面：

1）政治文化。属于主流意识形态，是一个社会关于政治体系和政治问题的态度、信念、情绪和价值的总体倾向。它构成了人们对政治体系进行判断以及选择行为目标和行为方式的基础。

2）社会文化。包括社会风尚、风俗、习惯和文化生活方式，它是随着社会的发展通过社会文化自身的不断扬弃来获得发展的。中国特色社会主义文化源自中华民族五千多年文明历史所孕育的中华优秀传统文化，熔铸于中国共产党领导人民在革命、建设、改革中创造的革命文化和社会主义先进文化。

3）产业文化。涵盖经济文化发展所有产业。

4）学术文化。包括文化体系、文化战略以及文化思想。

这四个方面融为一体，在社会主义文化大繁荣的国内背景下，进行文化大开放，并在文化开放中彻底有效地维护文化安全，进而建设社会主义文化强国。

一个国家、一个民族无论经济和科技如何发达，一旦自强自信的民族精神丧失，必然会导致社会的灾难和国家的危亡。要摧毁一个国家，军事上、经济上的打击都不可怕，都不一定致命，最可怕的是一个国家在文化上不能自觉、自信、自强，文化上先垮了，那么这个国家虽存犹亡。《国家安全法》第二十三条规定："国家坚持社会主义先进文化前进方向，继承和弘扬中华民族优秀传统文化，培育和践行社会主义核心价值观，防范和抵制不良文化的影响，掌握意识形态领域主导权，增强文化整体实力和竞争力。"

二、维护国家文化安全

1. 继承和弘扬中华优秀传统文化，提高文化传播能力。优秀传统文化是一个国家、一个民族传承和发展的根本，抛弃传统、丢掉根本，就等于割断了自己的精神命脉。中华传统文化源远流长、博大精深，这是中华民族生生不息、团结奋进的文明根基与不竭动力。作为世界上唯一延续至今的优秀文化，在中华文化中，随处都有文明的虹彩在闪耀，精神的火光在燃烧，如公而忘私的"天下为公"精神，以义制利的"守诚秉廉"精神，大义凛然的"威武不屈"精神，虚怀若谷的"厚德载物"精神，清正廉明的"刚直不阿"精神，艰苦奋斗的"自强不息"精神等。中华文化在长期的历史积淀和时代选择中已形成了它所特有的文明基因，并深为世人所钟爱，为"世界文明的希望之所在"，也是实现"两个百年"目标和中华民族伟大复兴的强大动力。1988 年，在巴黎召开的"面向 21 世纪"第一届诺贝尔奖获得者国际大会上，一位诺贝尔奖获得者在探讨 21 世纪科学的发展与人类面临的问题时提出："人类要生存下去，就必须回到 25 个世纪之前，去汲取孔子的智慧。"从中可见中华优秀传统文化的文化魅力和世界影响。如今，有媒体对"汉语热"做了如此评价："如果你想领先别人，就学汉语吧！"近年来，外国留学生来华求学如火如荼，其中大多是来攻读汉语言课程的。同时，海外学习汉语的人数激增，我国在海外建立了 300 多所孔子学院，汉语教材进入了许多国家的课堂，有 100 个国家和地区、超过 2 500 余所的大学在教授中文。古往今来的历史反复证明，作为中华民族独特精神标识的优秀传统文化是当代中国发展的突出优势，是中华民族生生不息、发展壮大，任何时候都不能缺少的丰厚滋养，必须在新时代大力传承和弘扬，从而实现中华优秀传统文化的创造性转化和创新性发展，精心打造"中国特色、中国风格、中国气派"的文化品牌，把跨越时空、超越国度、富有永恒魅力、具有当代价值的文化精神弘扬起来，把继承优秀传统文化又弘扬时代精神、立足本国又面向世界的当代中国文化创新成果传播出去。这是坚定文化自信、确保意识形态安全的强大文化根基。

2. 积极践行社会主义核心价值观，树立正确价值取向。文化的核心和精髓是价值观，文化自信在很大程度上体现为价值观自信。我国的文化是具有中国特色的社会主义文化，其灵魂是社会主义核心价值观。社会主义文化的发展集中体现为社会主义核心价值观的培育和践行，这也是确保我国文化安全和国家安全的价值根基。历史和现实都表明，构建具有强大感召力的核心价值观，关系到社会和谐稳定，关系到国家长治久安。青少年的价值取向决定了未来整个社会的价值取向，而青少年又处在价值观形成和确立的时期，抓好这一时期的价值观养成十分重要。这就像穿衣服扣扣子一样，如果第一粒扣子扣错了，剩余的扣子都会扣错。人生的扣子从一开始就要扣好，核心价值观的养成也决非一日之功，需要积极通过文化熏陶、生活实践，积极培育富强意识、民主意识、文明意识、和谐意识等中华民族共同文化意识，增强对伟大祖国的认同、对中华民族的认同、对中华文化的认同、对中国特色社会主义道路的认同，努力把核心价值观的要求变成日常的行为准则，进而形成自觉奉行的信念理念，在新时代大潮中建功立业，成就自己的精彩人生。

3. 自觉防范和抵制不良文化的侵袭和影响。一个国家在发展过程中，必须具备消除、化解潜在文化风险，抗击外来文化冲击的能力，才能确保国家的文化安全乃至国家安全不被威胁。不良文化是指宣扬暴力、仇恨、色情、恐怖、国家分裂的文化，不良文化冲击社会主流价值观，可能导致国家安全、社会安全的紊乱动荡。譬如恐怖主义、毒品犯罪和色情文化宣传等，都可能对社会产生不可逆的负面影响。因此，在全球化背景下，我们要时刻保持清醒的头脑，对文化思潮中的错误思想和倾向必须旗帜鲜明地进行批判和斗争，自觉防范和抵制不良文化的侵袭和影响。对待传统文化，要坚持古为今用、推陈出新，结合新的实践和时代要求进行正确取舍，而不能一股脑儿都拿来照套照用。对待外来文化要辩证分析，既要博采众长，又要维护国家文化利益和文化安全，确保文化要素不被内部或外部敌对力量侵蚀、破坏和颠覆，共同推动社会主义文化大发展大繁荣，共同构筑起一道坚固的“国家文化安全万里长城”，为建设富强文明民主和谐美丽的社会主义现代化强国、实现中华民族的伟大复兴贡献自己的一分力量。

第四节　国家生态安全与维护

一、国家生态安全的内容

1. 生态安全的定义

生态是由水、土、大气、森林、草地、海洋、生物等多种要素形成的有机系统，它是人类赖以生存、发展的物质基础。生态安全作为国家安全的重要组成部分，是一个国家赖以持续生存和健康发展的基本前提。我国于2000年年底发布《全国生态环境保护纲要》；

2014 年 4 月 15 日，在中央国家安全委员会第一次会议上，习近平主席把生态安全纳入总体国家安全观。所谓生态安全，是指人类生存和发展所需的生态环境处于不受或少受破坏与威胁的状态。通常具有两重含义：一是指生态系统自身是否安全，即其自身结构是否受到破坏，功能是否健全；二是指生态系统对于人类是否安全，即生态系统所提供的服务是否能满足人类生存发展的需要。当一个国家或地区所处的自然生态环境状况能够维系其经济社会的可持续发展时，它的生态就是安全的；反之，生态环境一旦遭到严重破坏，生态不再安全，必然影响社会稳定，危及国家安全。当前，我国正处在工业化、信息化、城镇化、农业现代化快速推进时期，发达国家一两百年逐渐出现和解决的环境问题，在我国集中显现，并呈现明显的结构型、压缩型、复合型特点。因此，保障生态安全关系人民福祉、经济社会可持续发展和社会长久稳定，关乎民族未来，是国家安全和社会稳定的重要组成部分，是功在当代、利在千秋的伟大功业。

2. 生态安全面临的挑战

在新时代，全面深化改革与全面依法治国正在深入推进，生态文明建设体制机制正在逐步健全，经济结构调整转型升级、供给侧结构性改革步伐加快，创新发展和绿色发展理念已经深入人心，人们的生态环境保护意识日益增强，全社会保护生态环境的合力逐步形成。但是，不可否认，生态环境保护仍面临巨大压力。大气、水、土壤污染防治三大战役仍然面临着极其严峻的形势，必须从国家安全和发展的战略层面，大力推进生态环境的治理与保护，切实保障生态安全。

（1）自然生态空间过度挤压，草原超载过牧现象较严重，湿地开垦、淤积、污染、缺水等问题较突出，近海生态恶化趋势尚未得到全面遏制。

（2）土地沙化、退化及水土流失不容忽视，因农田过度利用导致土层变薄、酸化和有机质流失的情况分布较广。

（3）水资源短缺，一些地方河流开发利用已接近甚至超出水环境承载能力。

（4）生物多样性面临挑战，外来物种入侵事件频繁发生。

（5）城乡人居环境严峻，一些城市空气质量超标，部分区域雾霾污染频发，部分地区城乡饮用水水源存在安全隐患。

但从发展趋势看，随着我国经济社会发展方式逐步转变，人口增长、能源消费和资源消耗增长等均有望逐步放缓，二氧化碳和主要污染物排放将逐步进入拐点，这为改善生态状况、维护生态安全提供了难得的历史机遇。

3. 生态安全的重要性

生态安全在国家安全体系中居于十分重要的基础地位。将生态安全纳入国家安全体系，体现了党中央对环境保护工作的高度重视，是推进国家治理体系和治理能力现代化、实现国家长治久安的迫切要求，对于促进经济社会可持续发展、加快生态文明建设具有重要意义和深远影响。有利于让人们深刻认识自然生态环境对实现可持续发展的基础支撑作用，有利于进一步突出生态安全保障的重要地位，有利于促进资源与能源的高效利用，缓解经济社会开发建设活动对自然生态系统造成的破坏和不利影响，促进人口资源环境相协调、经济效益和生态效益相统一。

（1）生态安全是人类生存发展的基本条件。生态安全是人类生存与发展的基本安全需求，维护生态安全是生态文明建设的重要内容。生态安全与其他领域安全威胁相比，与人们日常生活的交集越来越多。人们更多关注的是来自于生存所必须的食品安全、水安全、空气安全等个人生活领域安全，因为这些安全与个人利益息息相关。例如，大气污染问题、水污染和土壤污染尚未根治的生态安全问题，最终都影响到人的生命健康。可以说，生态安全从根本上关系到国家、民族的安全和可持续发展。历史上几大古文明的相继衰弱和消亡，都与生态环境恶化有密切关系。世界范围内生态环境变化引起的各种极端事件表明，生态灾难足以影响国家的长治久安。因此，维护生态安全就是维护人类生命支撑系统的安全。

（2）生态安全是社会经济发展的基本保障。习近平主席指出，保护生态环境就是保护生产力，改善生态环境就是发展生产力。党的十八大把生态文明建设纳入中国特色社会主义“五位一体”总体布局，明确要求坚持创新、协调、绿色、开放、共享的发展理念，坚定走生产发展、生活富裕、生态良好的文明发展道路。生态安全已上升到国家安全战略的层面来研究和应对。因此，从国家层面来说，必须正确处理经济发展与生态保护的关系，转变过去无节制消耗资源、破坏环境为代价导致生态退化、环境污染严重和自然资源减少的发展方式。守护好生态环境底线，确保生态安全，就能够实现经济社会可持续发展和长远发展，实现经济发展与生态保护的双赢。

（3）生态安全是社会和谐稳定的基本共识。随着我国经济社会快速发展，生态安全问题已成为社会舆论关心的焦点问题，因相关生态问题导致社会关系紧张的事件屡有发生。生态环保问题越来越成为人们的广泛共识。高度重视和妥善处理我们身边的生态环境问题，已成为当前保障社会安定和谐的重要工作之一。

（4）生态安全是全球治理的基本内容。随着全球生态环境问题的日趋严峻，气候变化、环境污染防治、生物多样性保护等跨国界全球性生态环境问题日益成为政治、经济、科技、外交角力的焦点。积极参与区域和全球环境治理，有助于维护国家发展权益和国家利益，树立我们负责任大国的形象。

二、优化生态环境，维护国家生态安全

2013 年，在大力推进生态文明建设第六次集体学习中，习近平主席强调，坚持节约优先、保护优先、自然恢复为主的方针，着力树立生态观念、完善生态制度、维护生态安全、优化生态环境。

为建设资源节约型、环境友好型社会，要从资源使用这个源头抓起，从提高环境风险防控水平做起，用新理念、新思路、新方法来进行综合治理，发挥体制和制度优势，以解决损害健康的突出环境问题为重点，坚持预防为主、综合治理，强化水、大气、土壤等污

染防治，降低环境风险事件发生频次和危害，以最小的资源环境代价支撑经济社会持续健康发展，走出一条经济与生态“双赢”的道路。

1. 生态风险

生态风险是指在一定区域内，具有不确定性的事故或灾害可能导致生态系统结构和功能的损伤，从而危及生态系统的安全和健康。导致生态风险的因素有多种，可能是化学的（如化学物质）、物理的（如土地利用、建造）、生物的（如外来物种、病毒）因素，也可能是自然的因素（如全球气候变化引起的水资源危机、土地沙漠化与盐渍化等）。按风险发生与否分为前瞻型和回顾型风险；按风险发生的方式分为突发型和累积型风险。在生态安全建设过程中，我们每个人都是生态风险的责任承担者、保护生态安全的智慧贡献者、优化生态环境的建设实践者。

2. 优化生态环境

维护生态安全是加强生态文明建设的基本内容，是生态文明建设必须达到的基本目标，是我们必须守住的基本底线，是践行创新、协调、绿色、开放、共享的发展理念的必然要求。优化生态环境，降低生态风险，保障生态安全，我们可以从以下四个方面做出努力。

（1）优化生态环境，必须树立人与自然是生命共同体的自然观。人与自然是生命共同体，人类必须尊重自然、顺应自然、保护自然。人类只有遵循自然规律，才能有效防止在开发利用自然上走弯路。人类对大自然的伤害最终会伤及人类自身，这是无法抗拒的规律。必须把生态文明建设摆在全局工作的突出地位，坚持节约资源和保护环境的基本国策，坚持节约优先、保护优先、自然恢复为主的方针，坚定走生产发展、生活富裕、生态良好的文明发展道路，构建人与自然和谐发展现代化建设新格局。

（2）优化生态环境，必须树立绿水青山就是金山银山的绿色发展观。绿水青山就是金山银山，深刻揭示了发展与保护的本质关系，打破了发展与保护对立的思维束缚。坚持和贯彻新发展理念，树立绿水青山就是金山银山的绿色发展观，平衡和处理好发展和保护的关系，像对待生命一样对待生态环境，“既要金山银山，更要绿水青山”，推动形成绿色发展方式和生活方式，建设人与自然和谐共生的现代化。

（3）优化生态环境，必须践行生态环境保护制度的法治观。只有实行最严格的制度、最严明的法治，才能为生态文明建设提供可靠保障。2015 年 9 月，中共中央、国务院印发了《生态文明体制改革总体方案》，提出：到 2020 年，构建起由自然资源资产产权制度、国土空间开发保护制度、空间规划体系、资源总量管理和全面节约制度、资源有偿使用和生态补偿制度、环境治理体系、环境治理和生态保护市场体系、生态文明绩效评价考核和责任追究制度八项制度构成的产权清晰、多元参与、激励约束并重、系统完整的生态文明制度体系，推进生态文明领域国家治理体系和治理能力现代化，努力走向社会主义生态文明新时代。

（4）优化生态环境，必须胸怀建设清洁美丽世界的共赢的全球观。人类是命运共同体，建设绿色家园是人类的共同梦想。生态危机、环境危机成为全球挑战，没有哪个国家可以置身事外，独善其身。国际社会应该携手同行，构筑尊崇自然、绿色发展的生态体系，共谋全球生态文明建设之路，保护好人类赖以生存的地球家园。建设生态文明既是我国作为最大的发展中国家在可持续发展方面的有效实践，也是为全球环境治理提供的中国理念、中国方案和中国贡献。

3. 维护生态安全

维护生态安全，必须以习近平新时代中国特色社会主义思想为指导，牢固树立社会主义生态文明观，肩负起建设美丽中国的时代使命，坚决打好生态环境保护攻坚战。

（1）自觉做建设美丽中国的引领者。坚决扛起生态文明建设的时代责任，努力做自觉践行习近平总书记生态文明建设重要战略思想的表率，全方位、全地域、全过程开展生态环境保护建设，推动生态文明建设取得更大成效，努力实现美丽中国目标。

（2）自觉做绿色发展方式和生活方式的建设者。坚持人与自然和谐共生，践行绿水青山就是金山银山的理念，严守生态功能保障基线、环境质量安全底线、自然资源利用上线三大红线，遵循绿色低碳循环发展的理念，推进能源生产和消费革命，积极参与全民绿色行动，推进资源全面节约和循环利用，倡导简约适度、绿色低碳的生活方式。

（3）自觉做解决突出环境问题的贡献者。生态环境没有替代品，用之不觉，失之难存。当前，我国社会主要矛盾已经转化为人民日益增长的美好生活需要和不平衡不充分的发展之间的矛盾，人民美好生活需要日益广泛，对优美生态环境的要求日益增长。自觉做解决突出环境问题的贡献者，就必须坚持全民共治、源头防治，持续实施大气污染防治行动计划，有效防范和化解环境风险，加大生态系统保护力度，强化排污者责任，健全环保信用评价、信息强制性披露、严惩重罚等制度，坚决遏制环境污染和生态破坏行为，满足人们对良好生态环境的新期待，让天更蓝、水更清、山更绿，使人人都成为受益者，进一步提升获得感、幸福感。

思考

1. 简述国家安全及其内容。
2. 简述政治安全的内涵，新时代对维护国家政治安全的新要求有哪些？
3. 简述文化安全的内容，构建国家文化安全的措施有哪些？
4. 什么是生态安全？优化和维护国家生态安全的途径有哪些？

讨论

低碳出行，是降低碳排放的出行，以低能耗、低污染为基础，倡导在出行中尽量减少人类的碳足迹与二氧化碳的排放量。请同学边讨论边记录，看看在你身边有多少个绿色低碳的“靓绿达人”。

实践

如何认识树立和增强文化自信的现实意义与紧迫性?

2015年11月29日，《人民日报》刊发四篇文章，文章认为，中华优秀传统文化是我们民族的“根”和“魂”，是我们树立和增强文化自信的底气所在。在中华民族数千年的发展历程中，以优秀传统文化为标识的中华文化积淀着中华民族最深沉的精神追求，为中华民族的发展壮大提供了丰厚滋养。“为天地立心，为生民立命，为往圣继绝学，为万世开太平”“格物致知”“诚意正心”“修身齐家治国平天下”这些彰显中华特色的价值追求，为中华民族挺起精神脊梁，实现国家长治久安、民众安身立命提供了基本思维模式和价值理念。

文章提出，中华优秀传统文化不是失去生命的历史文物，也不是只需原封不动传下去的“传家宝”，我们不仅要从中汲取文化滋养，更要从不断促进中华优秀传统文化创造性转化、创新性发展中树立和增强文化自信。

结合自己学习掌握的中华传统文化和民族精神的相关知识，分析讨论中华优秀传统文化是我们树立和增强文化自信的底气所在的理由。站在自身发展的角度上，谈谈应如何对传统文化进行创造性转化与创新性发展。

延伸阅读

“国家安全”离我们并不遥远

提到国家安全，同学们会想到什么？可能会联想到影视作品中看到的特工行动、战争场面等，觉得这些离自己太遥远。实际上，与许多人的想象不同，今天的国家安全早已不限于“保卫国家不受侵略”的单一内容，而是拓展到了经济、社会、网络空间等各个领域，与我们每个人的生活都息息相关。国家安全在社会公众面前，不再是抽象的、神秘的国家大事。

2015年7月1日，第十二届全国人民代表大会常务委员会第十五次会议通过了《中华人民共和国国家安全法》，该法以“总体国家安全观”为指导思想，将国家安全的内涵扩展到政治、经济、文化和社会各个领域。我国国家安全的内涵和外延比历史上任何时候都要丰富，时空领域比历史上任何时候都要宽广，内外因素比历史上任何时候都要复杂。学习和了解总体国家安全观，必须既重视外部安全，又重视内部安全。对内谋发展、求变革、保稳定，建设平安中国；对外求和平、谋发展、促合作，建设和谐世界。既重视国土安全，又重视国民安全，坚持国家安全一切为了人民、一切依靠人民，真正夯实国家安全的群众基础。既重视传统安全，又重视非传统安全，构建集政治安全、国土安全、军事安全、经济安全、文化安全、社会安全、科技安全、信息安全、生态安全、资源安全、核安全等于一体的国家安全体系。既重视发展问题，又重视安全问题。发展是安全的基础，安全是发展的条件，富国才能强兵，强兵才能卫国。既重视自身安全，又重视共同安全，打造人类命运共同体，推动各方朝着互利互惠、共同安全的目标相向而行。

也许你会觉得，国家安全的话题太大了，与普通百姓的生活离得太远。然而，事实并非如此。近年来，我国各个领域都在飞速发展，并取得了举世瞩目的历史性成就，国民的民族自豪感也随着祖国的“强起来”油然而生，网络媒体进入了“自媒体”时代，晒晒照片、谈谈观点渐渐成为人们喜闻乐见的一种生活方式。有数据显示，在近年来发生的危害国家安全的案件中，有很多来自百姓的日常生活。比如，无意中为国外间谍充当向导而泄密，军迷在社交网站发布资料而泄密，国家机关工作人员在朋友圈传发信息而泄密等。国家安全不仅离我们并不遥远，甚至与我们每个人的生活息息相关。

“安而不忘危，存而不忘亡，治而不忘乱。”维护国家安全，不仅是国家和政府的责任，而且要凝聚我们每个人的智慧和力量。国家安全是我们生存和发展之本，如果没有国家安全，其他的一切还有什么意义？因此，在当今风云变幻的国际形势下，如何认清国家安全形势和规律，意义重大，且与每个人息息相关。

国家安全，关乎你我他，谁都不应置身事外，更不能当旁观者、评论者，而应该成为忠诚坚定的守护者。学生作为新时代青年，是未来美好社会建设的主力军，应当进一步学习了解国家安全教育相关知识，应当熟悉有关国家安全政策法规和基本要求，遵守宪法、法律法规关于国家安全的有关规定，使其在日常生活和工作中内化于心，外化于行。只要我们每个人都付出努力，全社会都动员起来，就能有效防范化解各类安全风险，凝聚起维护国家安全的磅礴力量。

国家安全是国家生存和发展最基本、最重要的前提。它关系民生，关系国家稳定，关系社会长远发展。维护国家安全，是每个公民的责任。维护国家安全，我们能做什么？生活中的这些行为不可忽视。

1. 使用计算机要当心：不在机关单位内网专用计算机上使用无线网卡、无线鼠标、无线键盘等无线设备，以及外单位的存储介质；及时更新杀毒软件，加强对病毒的防范；严格遵守保密法律法规，防范计算机和手机窃密、泄密。

2. 发送图片要留心：在微信朋友圈晒照片，要注意照片中的背景，不能在军事基地、军用港口等地未经允许拍摄；表达爱国行为，也要注意不能被坏人挑唆和利用，在社交平台发布不该发的言论和照片。

3. 发布言论要小心：在个人行为上，应树立严格的保密意识和安全防范知识，不在社交平台发布危害国家安全的言论和照片；在与境外人员交流以及赴境外工作、旅游时，要提高警惕、坚守底线，在上网、打电话时不谈论、不发送涉密事项和文件，坚决拒绝网络上的各种诱惑，防止被网络间谍蛊惑和利用。

4. 举报线索要细心：协助国家有关部门做好安全工作，积极举报危险来源，主动提供线索和证据，力所能及参加到群防群治活动中，任何组织和个人发现危害国家安全的情况和线索，均可拨打“12339”向国家安全机关举报。

第九章　安全应急指南

【内容提要】

本章主要介绍急救常识和安全应急常识，包括医疗救护常识和创伤急救常识，以及常见安全标志和常用公共应急（服务）电话。

【学习目标】

1. 掌握一般医疗救护常识和创伤急救常识。

2. 了解遭遇险境时常用的求救方法，学会识别常见安全标志，知道常用公共应急（服务）电话。

【关键词】

急救常识　创伤急救　求救方法　安全标志

在生活中我们难免受伤，难免遭遇意外。当灾难、意外来临时，我们不仅要学会保护自己的生命，更要树立正确的自救意识，懂得用科学的方法自救和互救，这样，我们每个人才能在最大程度上减少在灾难中所受到的伤害。

第一节　急救常识

日常生活中总会有“万一”的时候，家中一定要准备一个急救箱，以备不时之需。

一、家庭急救药箱

1. 急救手册

据国际红十字会统计，全球只有12%的成年人能够在突发事件中采取紧急抢救措施，而其中仅有5%的措施是有效的。很多家庭急救药箱里的东西很多，但不懂急救方法。欠缺急救常识，使得我们很多人在意外或灾难发生时手足无措。因此，在急救药箱中存放一本急救手册，关键时刻可能救命。一般书店里都能买到急救手册。

2. 急救药箱

每个家庭通常都会有一个急救药箱，以便对常见疾病和跌打损伤进行紧急处理。一般来说，急救药箱内可分为工具性器材、消耗性器材及药品等三大类。家用急救药箱一般应装有各类家庭常用药品和应急用品，如阿司匹林、抗生素药膏、消毒巾、洗手液、多种规格的纱布和绷带、体温计、电子式血压计、小型手电、手套等。对于普通家庭来说，即使不能拥有一个专业的急救箱，也至少应备齐下列物品：

（1）酒精棉。用来给双手和急救工具消毒。

（2）棉花棒。用来清洗面积小的出血伤口。

（3）手套、口罩。可以防止施救者被感染。

（4）消毒纱布。用来覆盖伤口。

（5）绷带。具有弹性的绷带可用来包扎伤口，不妨碍血液循环。

（6）胶布。用于固定纱布或绷带。

（7）创可贴。覆盖小伤口。

（8）圆头剪刀。圆头剪刀比较安全，可用来剪开胶布或绷带，必要时，也可用来剪开衣物。

（9）手电筒。在漆黑环境下施救时，可用它照明，也可为晕倒的人查看瞳孔反应。

（10）哨子。遇到紧急情况时可以呼救。

（11）心脑血管药物。心脑血管疾病已经成为居民疾病死亡构成的首位死因，高于肿瘤及其他疾病。患有心脑血管疾病，除了常备遵医嘱服用的药物外，也要备点硝酸甘油，一旦觉得有胸闷、心脏不适，或是出现了心绞痛，便立即含服。

（12）血压计、血糖仪。对于血压计，最好选择电子的。当有头晕、胸闷等不舒服的症状时，最好能及时量一下。血糖仪是糖尿病病人的必备之物，不舒服时可随时随地测量。

（13）体温计。发烧是许多重大疾病的“排头兵”，不可大意。当人精神不济、没有食欲时，最好先量量体温，看是否发烧。

此外，还可常备感冒、退烧、止咳、平喘类药物。需要注意的是，家庭药箱是用来应急的，即使服药后突发症状得以缓解，还是应当去医院做系统检查，以免错失治疗良机。

二、医疗救护常识

应急救护现场处理的首要任务是抢救生命、减少伤员痛苦、减少和预防伤情加重及发生并发症，正确而迅速地把伤病员转送到医院。当遭遇突发灾害或事故时，如何有效展开急救，关乎当事人生命安危。

1. 如何开展急救

（1）拨打急救电话。一旦发生人员伤亡，不要惊慌失措，马上拨打120急救电话。

（2）对伤病员进行必要的现场救治。

1）迅速排除致命和致伤因素。如搬开压在身上的重物，撤离中毒现场，如果是意外触电，应立即切断电源。清除伤病员口鼻内的泥沙、呕吐物、血块或其他异物，保持呼吸道通畅等。

2）检查伤员的生命体征。检查伤员呼吸、心跳、脉搏情况，若无呼吸或心跳停止，应就地立刻开展心肺复苏。

3）止血。有创伤出血者，应迅速包扎止血。止血材料宜就地取材，可以把身上的衣服撕成布片，对出血的伤口进行局部加压止血包扎或指压止血等简单处理，然后将伤员尽快送往医院。

4）有骨折者可用木板、树枝等物品进行临时包扎固定。

5）如有腹腔脏器脱出或颅脑组织膨出，可用干净毛巾、软布等加以保护。

6）对于神志昏迷者，未明了病因前，应注意其心跳、呼吸、两侧瞳孔大小。对头部创伤者，应把伤者头侧向一边，防止仰面引发呕吐，导致伤者窒息。

7）若伤者出现呼吸停止，应及时对其进行口对口人工呼吸，并进行简单的胸外按压。

（3）迅速而正确地转运伤员。按不同的伤情或病情的轻重缓急选择适当的工具进行转运。运送途中应随时关注伤员的病情变化。

2. 心肺复苏急救常识

（1）心肺复苏。对呼吸心跳停止的急症危重病人所作的抢救治疗称为心肺复苏。心肺复苏的目的是开放气道、重建呼吸和循环。只有充分了解心肺复苏知识，并接受过此方面的训练后，才可以为他人实施心肺复苏。

心肺复苏=清理呼吸道+人工呼吸+胸外按压+后续的专业用药

（2）心肺复苏的对象。在溺水、车祸、雷击、触电、毒气、药物中毒、摔伤等事故中，只要伤者呼吸、心跳停止，就应在第一时间抢救（最好在 4 分钟以内开始）。心肺功能衰竭或绝症终期病患者不适用。

（3）心肺复苏急救步骤。心肺复苏的急救步骤是：

1）看到病人，先检查意识（拍肩，询问怎么了）。

2）确定病人没有意识，应迅速寻求后续支持（呼喊求助，请别人帮忙打 120，呼叫救护车）。

3）调整病人体位，让病人平躺在硬地上。

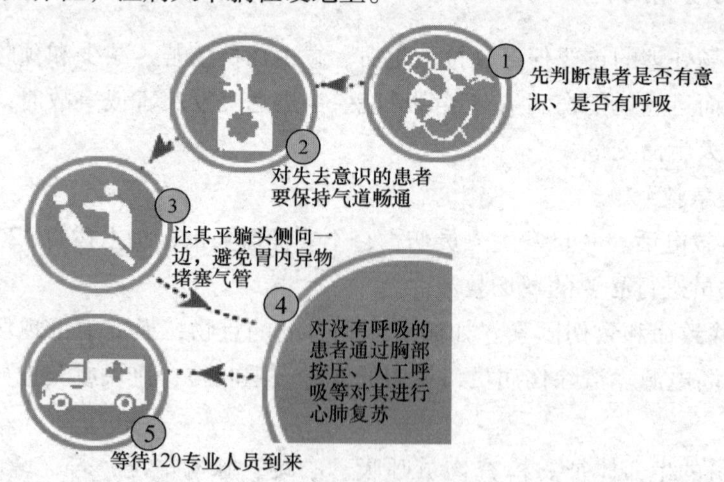

4）畅通呼吸道（一手掌下压病人前额，另一手拇指与食指成手枪形抬下巴）。

5）看、听、感有无呼吸。看病人胸部有无起伏，用耳朵贴近病人口鼻，听有无呼吸声，用脸颊感觉有无出气。

6）检查病人脉搏。用食指及中指找到病人颈部中央位置喉咙处，沿着一侧下滑 1.5~2 cm，轻微按压，感觉病人是否有脉搏。

7）若无脉搏，则需开展胸外按压。

3. 胸外按压操作步骤

（1）正确的胸外按压位置。病人胸部两乳头连线中点（胸骨中下 1/3）处，即为按压位置。

（2）正确实施胸外按压。实施胸外按压的步骤为：

1）如患者为俯卧位或其他不宜操作体位，救助者应将其翻转为仰卧位。

2）救助者将双手十指相扣，掌根重叠，在两乳头连线中点进行按压，按压频率每分钟 100~120 次，按压深度至少 5 cm、不超过 6 cm。每次按压后胸廓充分回弹，并尽可能减少按压中的停顿，如图 9—1 所示。

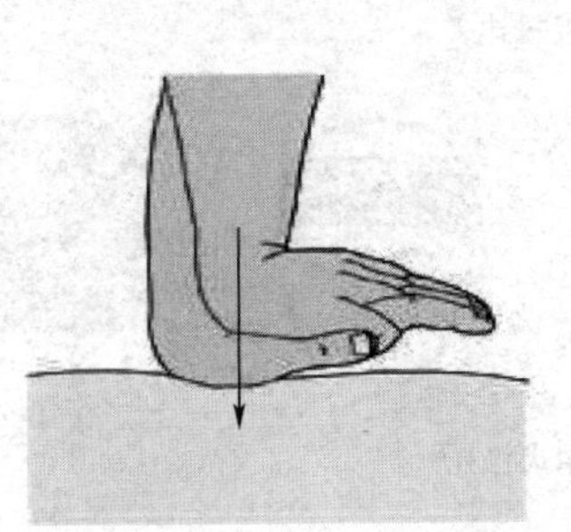

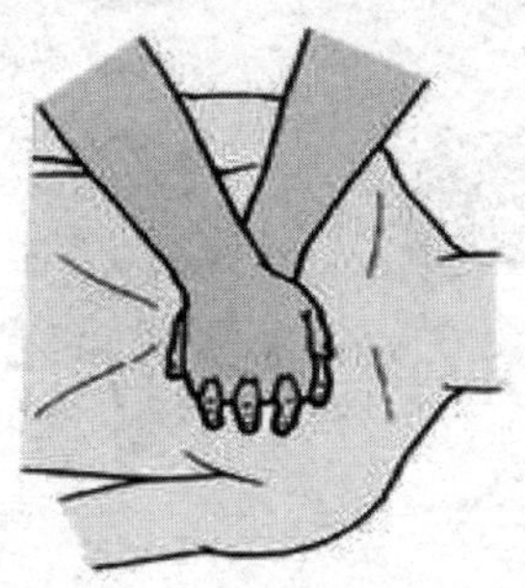

图 9—1　胸外按压

三、创伤急救常识

创伤是各种致伤因素作用下造成的人体组织损伤和功能性障碍。严重创伤时需要快速、正确、有效的现场救护，以挽救伤员的生命，防止损伤加重和减轻伤员的痛苦。创伤的现场救护技术包括止血、包扎、骨折固定及伤员的搬运。

1. 止血技术

（1）直接压迫止血法。最直接、快速、有效、安全的止血方法，可用于大部分外出血的止血。如果敷料被血液湿透，不要更换，再取敷料在原有敷料上覆盖继续压迫止血，等待救护车到来。

（2）加压包扎止血法。适用于小动脉、小静脉及毛细血管出血。首先直接进行压迫止血，压迫伤口的敷料应超过伤口周边至少 3 cm。

（3）止血带止血法。当四肢有大血管损伤，直接压迫无法控制出血，或不能使用其他止血方法（如有多处损伤，伤口不易处理等）以致危及生命时，尤其是在特殊情况下（如灾难、战争环境、边远地区），可使用止血带止血。方法是加衬垫绑紧布袋，打活结穿胶棒固定，要标明上止血带的时间。

2. 包扎技术

包扎可以起到快速止血、保护伤口、防止进一步污染、减轻疼痛的作用，有利于伤员的转运和进一步治疗。包括弹性绷带包扎法和三角形包扎法。弹性绷带包扎法包括螺旋包扎、螺旋反折包扎、环形包扎、回返包扎和 8 字包扎；三角形包扎法包括头顶帽式包扎、单肩包扎、双侧胸部包扎、手（足）部包扎和膝部包扎。部分包扎方法如图 9—2 所示。

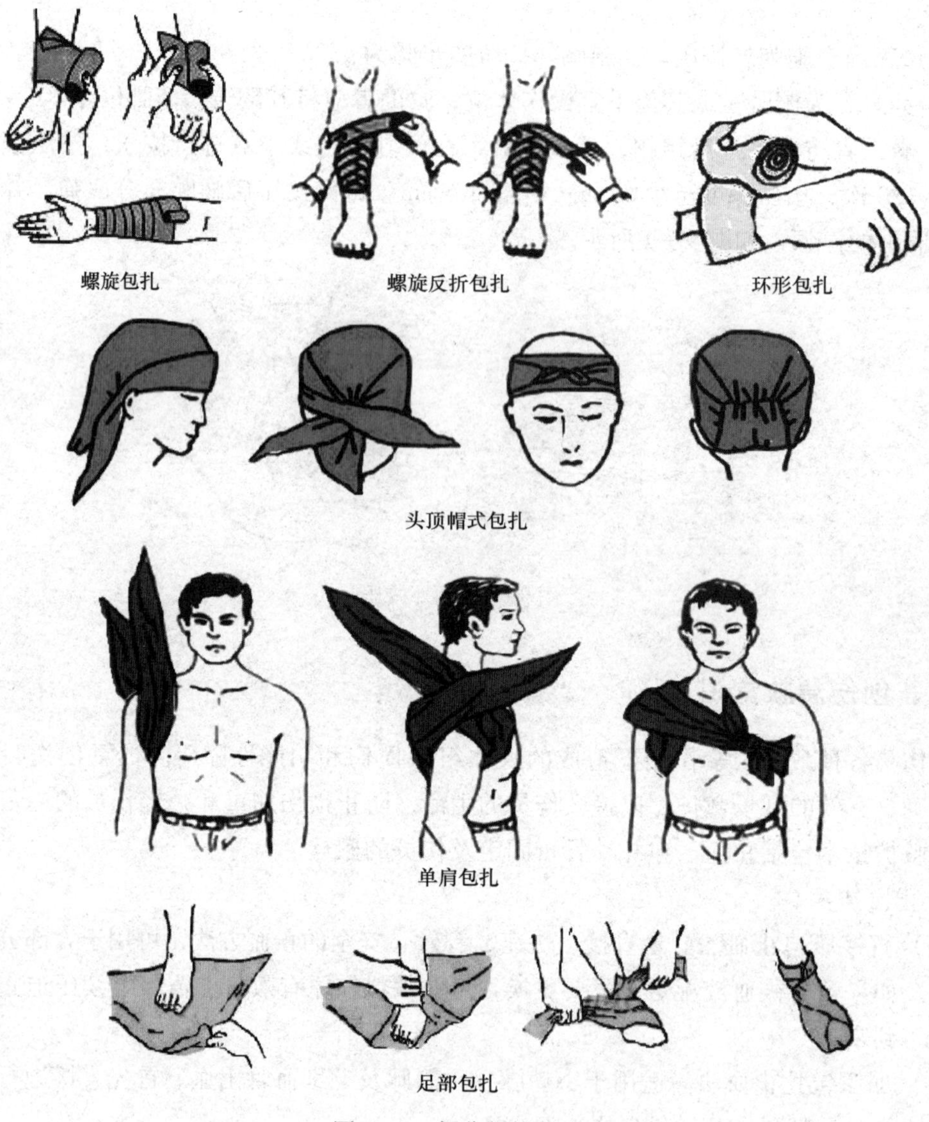

图 9—2　部分包扎方法

3. 骨折固定

骨折固定的目的是制动，以减少疼痛；避免损伤周围组织、血管、神经；减少出血和肿胀；防止闭合性骨折转化为开放性骨折；便于搬运伤员。

（1）颈椎骨折固定方法。测量颈部高度，选合适颈托固定肩部。

（2）前臂骨折固定方法。利用夹板固定骨折上下端，大悬带悬吊伤肢，检查末梢血液循环；也可以采用衣服拉链临时固定或用扣式服装临时固定或用丝巾临时固定。

（3）下肢骨折固定方法。利用夹板固定，检查末梢血液循环。

4. 搬运技术

一般来说，如果现场环境安全，救护伤员应尽量在现场进行，在救护车到来之前，为挽救生命、防止伤病恶化争取时间。只有在现场环境不安全，或是受局部环境条件限制，无法实施救助时，才可搬运伤员。搬运和护送伤员应根据救护员和伤员的情况，以及现场条件采取安全和适当的措施。

搬运意识不清醒的伤病员，可采用拖行法或爬行法；对意识清醒，无脊柱、骨盆及大腿骨折的伤病员，可采用双人杠桥式搬运法。此外，担架也是运送伤病员最常用的工具。一般情况下，对肢体骨折或怀疑脊柱受伤的伤病员都需用器材搬运，可使伤员安全，避免加重伤情。

四、危急重症救护常识

1. 急性心肌梗死

近年来，急性心肌梗死患者持续增加，让病人及家属猝不及防。急性心肌梗死是由于冠状动脉严重阻塞或痉挛，使相应的心肌急性缺血所致。发病前常有先兆表现，如近期心绞痛发作频繁，持续时间延长，服用硝酸甘油的效果也不如以前。发作时，疼痛部位、性质与心绞痛相同但更剧烈，持续时间长，有濒死感，同时有面色苍白、出大汗、烦躁、恐惧、恶心呕吐等症状。

如果发生急性心肌梗死，应立即采取以下措施：

（1）立刻让患者就地休息，采取与救护心绞痛患者相同的救护措施，并尽快拨打120急救电话。

（2）密切观察患者的呼吸、脉搏和意识。

（3）不要让患者自己活动，切忌自行将患者送往医院。

2. 脑卒中

脑卒中也叫中风，包括两种情况：脑梗死（脑血管被阻塞，使局部脑组织缺血）和脑出血（脑血管破裂出血），这两种情况的症状相似。患有高血压或糖尿病的患者突然头晕、头痛或晕倒，随后出现口眼歪斜、流口水、说话含混不清或呕吐、一侧肢体瘫痪等症状，就很可能是脑卒中。

如果发生脑卒中，应立即采取以下措施：

（1）不要摇晃患者，尽量少移动患者，尽快呼叫救护车。

（2）解开患者的衣服纽扣或拉链，如果患者清醒，让患者半卧或平卧休息。

（3）如果患者意识丧失，可将患者摆放成侧卧位，头稍后仰，以保持呼吸畅通。

（4）密切注意患者的意识、血压、呼吸和脉搏，不要给患者进食、喝水。

如果发生休克，应采取以下救护措施：让患者躺下，把双脚垫高，高过胸，以增加脑部的血液供应，有条件时给患者吸氧。如果患者呼吸困难，可以将患者的头和肩垫高，以利于呼吸。给患者盖上毯子或被子保暖。监测并记录血压，直到救护车到来。

3. 触电

随着家用电器的频繁使用，触电事故也经常发生。触电会造成电烧伤，危及触电者生命。发现有人触电，千万不要惊慌失措，应立即采取以下措施：

（1）立即切断电源。对于普通电线，可用木棒、竹竿等绝缘工具将其挑开；对于断落的高压线，必须首先拉闸断电，禁止旁人接近触电者或用绝缘物挑开电线，以免发生不测。抢救者要注意自我保护，脚下垫上木板或穿上胶鞋，切不可用手去拉触电者。

（2）触电者脱离电源后，如果神志清醒，要检查其全身有无烧伤、外伤并及时处理，尽快送往医院做进一步的治疗。如触电者意识丧失，要立即检查其呼吸和脉搏。如触电者呼吸、心跳停止，要立即对其实施心肺复苏术，同时呼叫救护车。

（3）如果发现高压线电线断头下垂，一定要远离电线 10 m 以上，防范跨步电压触电。

总之，触电救护的原则是：迅速脱离电源，就地展开救护，准确开展心肺复苏，坚持抢救，等待救护车。

4. 煤气中毒

煤气中毒即一氧化碳中毒。一氧化碳是无色无味的有毒气体，随空气吸入胸腔，与血液里的血红蛋白结合，使红细胞丧失携氧能力，使人产生中毒症状。中毒较轻时，人会感到恶心、心慌、浑身无力；中毒较重时，脸和口唇呈樱桃红色、神志模糊、意识丧失、呼吸困难，甚至死亡。此外，家中使用的天然气过分燃烧（主要成分为甲烷）或液化石油气（主要成分为甲烷、丙烯等）发生泄漏，也会引起人中毒，出现类似症状。如果发生煤气中毒，应立即采取以下措施：

（1）立即打开窗，通风换气。

（2）把中毒者移到室外或其他空气新鲜的房间，解开病人衣扣使呼吸顺畅，但应注意保暖，防止受凉。

（3）如果中毒者神志不清，要立即呼叫救护车，将患者摆放成侧卧位，保持呼吸道畅通，便于呕吐物排出，冬天要注意给患者保暖。

（4）如果患者呼吸、心跳停止，应立即进行心肺复苏抢救。

（5）待救护车到来后，送到有高压氧舱的医院治疗。

注意：不可在房间里打电话、开灯或用打火机。

5. 溺水

（1）溺水自救

1）不要慌张，发现周围有人时立即呼救。

2）放松全身，让身体漂浮在水面上，将头部浮出水面，用脚踢水，防止体力丧失，等待救援。

3）身体下沉时，可将手掌向下压。

4）如果在水中突然抽筋，又无法靠岸时，立即求救。如周围无人，可深吸一口气潜入水中，伸直抽筋的那条腿，用手将脚趾向上扳，以解除抽筋。

（2）溺水急救

1）将溺水者抬出水面后，应立即拨打120急救电话。清除其口、鼻腔内的水、泥及污物，解开衣扣、领口，以保持呼吸道通畅。

2）对于呼吸停止者应立即进行人工呼吸，一般以口对口吹气为最佳。急救者位于溺水者一侧，托起其下颌，捏住伤员鼻孔，深吸一口气后，往其嘴里缓缓吹气，待其胸廓稍有抬起时，放松其鼻孔，并用一手压其胸部以助呼气。每次吹气时间持续1秒，直至恢复呼吸为止。

3）对于心跳停止者应先进行胸外心脏按压。让其仰卧在坚实的平面上，头不得高于胸部，应与躯干处在一个平面。急救者位于其一侧，面对溺水者，右手掌平放在其胸骨下段，左手放在右手背上，借急救者体重缓缓用力，不能用力太猛，以防骨折，将胸骨压下5~6 cm，然后松手腕（手不离开胸骨）使胸骨复原，反复有节律地（每分钟100~120次）进行，直到心跳恢复为止。

第二节　安全应急常识

当我们面临危险或外出旅游遭遇困境，要学会用多种求救信号寻求自救。

一、求救方法和求救标志

1. 常用求救方法

学会常用求救方法，会让自己摆脱危险或困境。

（1）声响求救。遇到危机时，应尽量减少喊叫，以免耗费体力。可以选择吹哨子、击打脸盆或其他金属器皿，甚至打碎玻璃等向周围发出求救信号。

（2）光线求救。遇到危难时，可以用手电筒、镜子反射阳光等办法求救，每分钟闪照6次，停顿一分钟后，再重复进行。

（3）抛物求救。遇到危难时，可抛掷软体物品，如枕头、书本、空塑料瓶等，引起注意，最好在所抛的物品中注明遇险情况、指示方位。

（4）摆字求救。用树枝、石块、衣物等一切可以利用的材料，在空地上摆成SOS或其他求救字样。

（5）烟火求救。在野外遇到危难时，白天可以燃烧新鲜树枝、青草等植物发出烟雾；晚上可点燃干柴，发出明亮耀眼的火光向周围求救。

（6）留下信息。当离开危险地时，要留下一些信号物，以便让救援人员发现，及时了解你的位置或者去过的位置。一路上留下方向指示标，有助于营救者寻找你的行动路径，也有助于自己迷路时作为向导。

2. 常用求救标志

（1）常用地面求救标志。在比较开阔的地面，如草地、海滩、雪地上，利用树枝、石块、帐篷、衣物等一切可利用的材料制作地面标志。如把青草割成一定标志，或在雪地上踩出一定标志（如SOS），与空中取得联系。

（2）常用的方向指示器。①将岩石或碎石片摆成箭形。②将棍棒支撑在树杈间，顶部指着行动的方向。③在草的中上部系上结，使其顶端弯曲指示行动方向。④在地上放置一根分叉的树枝，用分叉点指向行动方向。⑤用小石块垒成一个大石堆，边上再放一小石块指向行动方向。⑥用一个深刻于树干的箭头形凹槽表示行动方向。⑦两根交叉的木棒或石头意味着此路不通。⑧用三块岩石、木棒或灌木丛表示危险或紧急。

二、如何拨打110求助电话

1. 求助电话受理范围

（1）受理报警范围。包括刑事案件，治安案（事）件，危及人身、财产安全或者社会治安秩序的群体性事件，自然灾害、治安灾害事故，火灾、交通事故，其他需要公安机关紧急处置的与违法犯罪有关的报警，危及公共或群众安全迫切需要处置的紧急求助，以及公安机关及人民警察正在发生的违法违规行为。

（2）受理求助范围。发生溺水、坠楼、自杀等状况，需要公安机关紧急救助的。老人、儿童，以及智障人员、精神疾病患者等人员走失，需要公安机关在一定范围内帮助查找的。公众遇到危难，处于孤立无援状况，需要立即救助的。涉及水、电、气、热等公共设施出现险情，威胁公共安全、人身或者财产安全和工作、学习、生活秩序，需要公安机关先期紧急处置的。需要公安机关处理的其他紧急求助事项。

2. 如何进行报警

需要报警、求助时，可通过有线电话、移动电话等，不用拨区号，直接拨“110”三个号码，即可接通当地公安机关110报警电话。在异地拨打案发地的110电话时，可先拨案发地区号，再拨110即可。

（1）报警内容。①警情发生的时间和具体位置。在郊区，要说明乡镇和村落名称。为缩短民警到达现场的时间，尽量到村委会或村碑处等候，如果实在不能离开现场，尽量说明在村的哪个方位。在市区，要说明在什么路的确切位置，也可告知周围明显的建筑物或商店名称，来表明所处的位置。在公路上，要说明在什么路的哪一路段，附近是否有明显标志物和路牌。②自己的姓名和报警电话，以便警务人员及时联系。需要报警台为报警人保密的，报警台会采取保密措施，切实做好保护报警人安全的工作。

（2）警情内容。交通事故、刑事案件和火警需要说明的内容主要有：

1）交通事故所要说明的内容。①肇事车辆的类型，如大货车、小货车、客车、轿车等。②人员伤亡情况。③如果肇事车辆逃逸，尽量详细地说明车辆的特征、车牌号及逃逸方向等。

注意：还要及时拨打 122 交通事故处理电话。

2）抢劫、抢夺、盗窃等刑事案件所要说明的内容。①案发时间和作案人数。②作案人特征，如身高、体型、面貌、年龄、口音等。③作案人的逃逸方向、交通工具（包括车型、车号、车辆颜色）、作案工具。④作案人或群众是否受伤。

3）火警所要说明的内容。①起火的场所，如民房、工厂、仓库、商场等。②燃烧物品，如草垛、木材、液化气、电路等。③火场内是否有被困人员，现场是否有人受伤。④如遇山林火灾，要说明山火的火势，山上树木的疏密程度及大约过火面积。⑤如遇易燃易爆液体或气体泄漏，还要及时拨打 119 报警电话。

（3）拨打注意事项。①保持镇静，讲话要清晰、简练、易懂。电话拨通后，应再确认一下，以免错打误事。②发生一切紧急情况都可拨打 110。若有交通事故也可拨打 122，火警拨打 119，医疗急救拨打 120。但必须说清事件主要情况以及伤病人员的年龄、性别、主要症状或伤情，便于准确派车；说清现场地点及等车地点，便于确定行车路线；同时说清自己的姓名、电话号码等，便于进一步联系。③要尽量提前接应急救车辆，见到警车应主动挥手示意；拨打 120 后，等车时不要急于将患者搀扶或抬出来，应为 120 病人带齐病历和备用物品，以免影响救治。④等车地点应选择路口、公交车站、高大建筑物等有明显标志的地方。⑤为保证报警系统畅通有效，不可随意拨打无效或骚扰电话。否则，不仅会延误救治，还会受到法律制裁。

三、常见安全标志

四、公共应急（服务）电话

公安报警……………………………………………110
火警…………………………………………………119
医疗急救……………………………………………120（999）
交通事故……………………………………………122
天气预报……………………………………………12121
消费者投诉举报热线………………………………12315
建设事业服务热线…………………………………12319
卫生热线……………………………………………12320
食品药品安全投诉电话……………………………12331
法律援助热线………………………………………12348
安全生产举报………………………………………12350
供电服务热线………………………………………95598
海上搜救与事故报警………………………………12395
外交部全球领事馆保护与服务应急呼叫中心……12308